U0257944

中美本科
工程教育改革研究

Research on the Reform of Undergraduate
Engineering Education in China and USA

曾开富　王孙禺　著

社会科学文献出版社
SOCIAL SCIENCES ACADEMIC PRESS (CHINA)

前言

20世纪末期开始，中美本科工程教育都迎来了一轮改革高潮。本书对21世纪的前20年尤其是前15年中美工学院系本科工程教育改革进行比较研究。本书的研究内容包括相互联系的两大部分。第一部分研究中美工学院系的本科工程教育改革目标，采用基于语料库的批判话语分析方法研究中美工学院系的使命宣言；第二部分研究中美工学院系本科工程教育的改革举措，采用院校案例研究方法研究中美工学院系的改革行动。

通过改革目标的比较研究可以发现：从话语方式来看，中美两国本科工程教育的改革所要达成的目标表面上是一致的，但是实际上具有很大的差异性。中美两国都普遍使用“创新”一词，但是美国的创新概念更接近于中国的创业概念；美国工学院在人才培养目标方面提出领导力教育思想，中国工科院系则很少提及；美国工学院提出加强学院的引领性或影响力，这同中国工科院系的一流大学、一流学科建设有类似之处；美国工学院广泛推进“全球大挑战”思想和项目，中国工科院系则更多谈及国家需求；美国工学院对主题词（关键词）有自己的理解和阐释，因此其词语搭配等话语方式的差异很大，中国工科院系在使用主题词（关键词）时的词语搭配等话语方式具有很明显的一致性。

通过改革举措的比较研究可以发现：美国本科工程教育出现了至少两种模式，一种为理工模式，一种为超越理工模式。这两种模式的主要差异不在人才培养目标方面，而在人才培养措施方面。超越理工模式以归纳式教学为主，从教学过程来看也比理工模式更以学生为中心。欧林工学院等改革派试图重新定义美国本科工程教育和美国高等教育。中国本科工程教育总体上还是以理工模式为主。中国工科院系的改革具有很强的综合性、系统性，美国工学院的改革更多聚焦于教学设计和教学过程。美国老牌工学院难以系统推进整体性的改革，这是美国新建欧林工学院的原因。

用高等教育的“中心—边缘”理论来分析，美国竭力保持在全球高等教育中的引领地位，这是“领导力”“全球化”等概念盛行于美国本科工程教育的一个重要原因。“一流”概念盛行于中国本科工程教育界，则反映出中国力图从全球高等教育的边缘走向中心的决心。

同时应当看到，中国工科院系有自己的一套话语与行动逻辑，但是其话语方式往往同政策性的号召相联系，改革行动往往是对全国性政策的直接回应。正因如此，从话语方式到改革行动，中国工科院系都相对缺少对教育理论的阐释和设计。本书基于中美本科工程教育改革的比较研究，认为有必要在中国以理论创新、模式创新来引领本科工程教育的改革。

本书初稿成于2017年，此后经过多次修改完善。因此，本书主要对21世纪的前20年尤其是前15年的中美本科工程教育改革进行比较研究。2017年以来，尤其是党的十九大以来，中国本科工程教育改革取得了许多重要进展，但囿于作者的水平，在修改过程中并未对之深入讨论。因此，本书也可以视为一项历史研究。同时，本书在文献、数据等方面难免出现疏漏，尤其是相关网络文献与数据在修订时已不可查。如果读者需要，可以联系作者索取相关原始材料。

曾开富　王孙禺

2023年10月于北京

目　　录

第1章
工业化、工业革命与工程教育

工程教育是一种以技术科学为主要学科基础、以培养工程技术人才为目标的专门教育。现代高等工程教育起源于18世纪中期的法国大学校，此后逐渐盛行于欧洲、北美洲乃至全球。工程教育是国家创新发展的重要引擎，工程教育的现代化始终被当作国家现代化战略中的重要一环。因此，工程教育必须适应经济社会的发展，为工业化、现代化提供有力支撑。

“工业化”与“再工业化”是各主要国家和经济体的重要议题。从人类近现代史来看，人类社会先后经历了三次工业革命——以蒸汽机的发明及广泛应用为标志的第一次工业革命，以电力的发明和广泛应用为标志的第二次工业革命，以原子能、电子计算机和空间技术的广泛应用为标志的第三次工业革命。三次工业革命都是以西方发达国家为主导的。第一次工业革命兴起于英国，第二次工业革命出现了德国和日本的超越，第三次工业革命则以美国为引领。20世纪70年代以来，从降低生产成本的角度出发，经历过多次工业革命的西方发达国家把装备制造业转移到海外，在很大程度上进入“去工业化”进程。但是，“去工业化”导致西方发达国家先后出现了实体经济的“金融化”和“空心化”现象。由于缺乏实体经济的支撑，西方发达国家的虚假繁荣很快消失，西方遭遇金融危机和经济危机。因此，在“去工业化”进程以后，各主要经济体又启动了“再工业化”进程。“再工业化”进程并不是复制前三次工业革命，而是要实现以数字化生产为核心标志的第四次工业革命（徐飞，2016）。在迎接第四次工业革命、实施“再工业化”战略的过程中，各主要经济体都把制造业作为战略重点。美国出台了《重振美国制造业框架》《美国制造业促进法案》《先进制造业国家战略计划》等，启动了“美国先进制造业伙伴计划”和“国家制造业创新网络”的建设。德国发布了《高技术战略2020行动计划》《纳米技术2015行动计划》，以及更加系统的“工业4.0”战略。法国启动了“新工业法国”战略。日本则相继实施了“新增长战略”和“机器人新战略”（徐飞，2016）。

中国没有经历第一次工业革命和第二次工业革命，有限地参与了第三次工业革命。中国的工业企业呈现出手工业、机器大工业和现代工业并存的局面。因此，在西方发达国家“去工业化”“再工业化”的同时，中国尚有很长的工业化道路要走。中国既需要“还清”前三次工业革命的“历史欠账”，又需要在第四次工业革命中占据优势位置。改革开放以来的40多年里，中国的经济增长在很大程度上依赖于人口红利和改革红利。随着人口结构的变化，人力成本和生产生活成本的提高，以及改革的深化，中国要最大限度地避免重蹈西方国家“去工业化”及实体经济“空心化”的覆辙。在此背景下，中国提出了工业化与信息化融合、建设“制造强国”的目标。

从历史经验来看，工业革命是某一经济体内或者经济体之间系统革命的一部分，需要完成很多支持性要素的配置。在德勤会计师事务所与美国竞争力委员会联合发布的《2016全球制造业竞争力指数》中，通过对跨国公司首席执行官的调查发现，影响全球制造业竞争力的驱动力因素包括政府因素与市场因素2大类12个因素，按其重要性排序分别是人才，成本竞争力，劳动生产率，供应商网络，法律监管体系，教育基础设施，物质基础设施建设，经济、贸易、金融和税收体系，创新政策和基础设施，能源政策，本地市场吸引力，医疗体系（Deliotte et al.，2016）。在这12个因素中，人才与教育基础设施是同教育活动直接相关的两个因素。该报告多处强调，人才是第一因素。美国《先进制造业国家战略计划》把提高劳动力技能作为五大战略目标之一。毫无疑问，工业革命需要一大批工程人才和一系列工程创新，因此工程教育对于各国的工业化、再工业化和第四次工业革命具有重要的意义。

简言之，第四次工业革命的开展需要与其相匹配的工程教育。这是当前各国工程教育发展与改革的主要时代背景。本书重点探讨中美两国在迎接第四次工业革命的背景下如何改革其本科工程教育。本书研究的时间段主要限定在21世纪的前20年尤其是前15年，其中对文献的梳理向前延伸到20世纪80年代，对改革行动的研究则主要以中美两国发起面向21世纪的改革为时间起点。关于这种时间选择的根据，后文将详细说明。

从国际对比的角度来看，美国、德国的本科工程教育是目前最具代表性的两套体系。相比其他国家而言，美国、德国的工程师更具有全球竞争力，因此，两国的本科工程教育对其他国家具有重要的影响。从结构上看，中国的本科工程教育更类似于美国。美国中学后职业教育的比重较低，本科工程教育的比重较高，因此其工程教育是一种“陀螺形体系”（李曼丽，2006）。德国工程教育体系的一个特征是中等教育中的工程教育比重很高，因此其工程教育是一种“不倒翁形体系”（李曼丽，2006）。改革开放以来，尤其是20世纪末开始的大学连续扩招以后，中国一大批中等教育升级为高等教育。总体上看，中国的高等教育和本科工程教育的层次结构都类似于“陀螺形体系”。中国在建设世界一流大学、一流学科和高水平大学的过程中，在一定程度上学习并借鉴了美国研究型大学的经验。因此，本书选择中国和美国的本科工程教育改革进行比较研究。

中美本科工程教育改革的比较研究会带来很多新的启示。例如，美国本科工程教育界尤为忧虑其工程师的社会地位和发展前景问题。20世纪末，时任美国工程院院长的Augustine在论述美国本科工程教育改革的必要性时，提出的一个证据是美国工程师在美国政坛取得成功的可能性很小。反观中国，在中国政治体系占有重要地位的中共中央委员有很大的比重受过工程教育或者曾担任工程师。产生这种差异，是出于政治体制方面的原因还是本科工程教育方面的原因，或者其他方面的原因，是值得研究的。政治成就是否可以用来衡量本科工程教育的质量，也值得商榷。再如，美国有成熟的STEM教育理念和相关的政策动员体系，中国则几乎没有。但是，中国有“学好数理化，走遍天下都不怕”的关于理工教育的老话，工程教育规模（按照工学门类的教育规模计算）在高等教育的14个学科门类[①]中常年稳居第一位。这些比较在用于解释两国本科工程教育的规模和质量时，有可能产生有价值的研究结论。因此，本书将从理念和实践两个方面对中美本科工程教育改革进行比较研究。

① 中国的《学位授予和人才培养学科目录》历经多次调整，学科门类的数量逐渐增加。截至本书成稿时，共有14个学科门类。

第2章
本科工程教育的改革与变迁

2.1 美国本科工程教育引领地位的变化及其改革呼声

2.1.1 美国本科工程教育处于新的改革周期

工程教育和工程活动是相互影响的。美国的工程活动和工程教育诞生于18世纪后期，二战前基本发展成熟。从诞生到成熟的这一过程可以划分为三个阶段，三个阶段在时间上有一定的交叉。1790年至1850年是第一个阶段，被称为技术社会的诞生阶段。在这一时期，被从英国带到美洲大陆的技术知识以一种非专业化、非职业化的状态存在。1840年到1880年前后是第二个阶段，即专业工程师阶段。在这一时期，美国的工程教育体系逐渐建立，工程学科开始多样化地形成。古典院校（以哥伦比亚学院、耶鲁学院、布朗大学、哈佛大学等为代表）、新式学院（以麻省理工学院等为代表）、赠地学院等多种类型的工程教育院校先后形成。尤其是在赠地法案的刺激下，美国工学院的数量从1862年的6所增加到1872年的70所。第三个阶段是1880年以后到二战以前的企业技术与企业工程师阶段。在这个阶段，美国产生了一大批伟大的现代企业，工程师成为仅次于教师的第二大专业劳动者群体（National Research Council，1985）[20-21]。二战以后，随着美国的崛起，其本科工程教育逐渐被美国国内和全球其他国家认可。

本节重点研究世纪之交以来美国本科工程教育的改革。首先需要回答的一个重要问题是：美国本科工程教育是否有所谓的“改革”？改革是40多年来中国社会广泛使用的一个热词。“改革”对应的英文名词是“reform”，指“对某一社会系统或者某一组织所做出的改变（change），尤其指有助于改善或更正现有状况的变化”（Hornby，2004）[1450]。“reform”的构词方式是re-form，从字面意义来说有重组、重构之义。在语用习惯中，reform比change更加激进。因此，美国本科工程教育界的很多重要报告不使用reform一词，而使用change、improve、transform等词来描述其改革行为。在教育资源信息数据库（ERIC）中，以“教育改革”为主题的文献也普遍使用“educational change”。当然，美国本科工程教育界也有一些学者为了强调改革的重要性而使用reform、reshape等词。本书并不从字面上判断change等词是否属于“改革”范畴，而是主要通过其推动变化的程度来判断。

从文献来看，不仅美国本科工程教育有广受认可的“改革”，而且“改革”是美国本科工程教育的历史传统之一。Xiao Feng Tang（2014）梳理美国工程教育学者的文献之后得出结论，“改革”是美国工程教育学者的一种核心思想，很多工程教育学者甚至可以被称为“终身改单者”。密歇根理工大学的Bruce E. Seely（2005）在为“2020工程师”报告撰写的文章中明确提出，美国的本科工程教育史本质上就是一部改革史。Bruce E. Seely（2005）认为，可以从1893年建刊的期刊《工程教育》和各种工程教育报告中分析美国本科工程教育的改革。从报告的角度来说，美国研究委员会（National Research Council，NRC）、各类专业委员会、大学等都会发布很多报告。这些报告的影响力差异很大，有很多报告没有产生太大的影响。研究发现，一战以后，大致每隔10年至15年会有一批报告产生突出的影响。这些报告是美国本科工程教育界不断开展自我研究和自我改革的重要体现（Seely，2005）。换言之，根据Seely的观点，美国本科工程教育大致以10年至15年为一个改革周期。

20 世纪 80 年代以来，美国本科工程教育界又出现了一批鼓吹改革的、有突出影响力的报告，表明美国本科工程教育进入一个新的改革周期。在这些报告中，NRC 发布的报告影响力相对较大。本书把 NRC 发布的报告作为文献梳理的重点。

1983 年，NRC 组织召集了名为“工程师的培养与工程师的作用”的专门委员会，就美国本科工程教育进行系统的评估并提出改革建议。该专门委员会经过两年的调研，密集发布了 7 份报告，分别是 1985 年的《美国未来技术与经济的基础》《工程师的继续教育》《工程与社会》《研究生层次的工程教育及其研究》《工程技术教育》《工程共同体的支持性组织》和 1986 年的《本科工程教育》。不到两年的时间连续发布 7 份专门性的报告，在美国本科工程教育史上是第一次，可以视为二战以来美国本科工程教育进入新一轮改革的标志。为什么美国本科工程教育界会在 20 世纪 80 年代发起改革？一个直接的原因是当时美国社会各个阶层都对教育的总体状况不满。1978—1984 年，美国共发布了至少 20 份综合性的教育报告，这些报告都认为美国的学校教育出现了很大的问题。1983 年，由美国教育部资助、加德纳牵头的美国教育卓越委员会完成的报告《国家处于危机之中：教育改革势在必行》（后文称“加德纳报告”）在美国社会引起极大的反响。“加德纳报告”提出 13 条论据来证明“美国处于危机之中”，其中直接提及科学教育和数学教育落后于国际水平或者有所退步的论据有 6 条之多。虽然“加德纳报告”没有直接提及工程教育，但是工程教育被认为是以科学和数学为基础的，而且是 STEM 教育的一个重要组成部分。NRC 正是在教育改革大背景下对工程教育这一重要类别的专业教育进行深入考察的。因此，1985 年和 1986 年发布的 7 份工程教育报告多处引用了“加德纳报告”的观点。

20 世纪 90 年代，美国本科工程教育界又发布了一批有重要影响力的报告，具体包括 1990 年的《提高工程人才的灵活性》、1991 年的《工程：一种社会事业》、1995 年的《工程教育：设计一种更具适应性的体系》、1996年的《从分析到行动：美国的STEM教育》和《科学与工程职业：研究生生涯规划》、1999年的《改革STEM本科教育》等。在继承20世纪80年代主题的基础上，20世纪90年代的报告逐渐过渡到以行动为目的。同时，20世纪90年代的美国本科工程教育界开始对21世纪做出思考。1997年，NRC发布了包括6篇分报告的“为21世纪准备”系列报告。“为21世纪准备”系列报告的核心是如何应对变化，其6篇分报告分别题为《不断变革的社会及其面临的挑战》《聚焦变革时代卫生保健系统的质量》《科学、工程研究与不断变革的世界》《技术与美国的未来》《教育的重任》《环境与人类的未来》。其中，《教育的重任》主要讨论STEM教育的改革。

教育改革的一个重要目标是使教育活动适应经济社会发展的需要。或者说，教育活动之所以有改革的必要，是因为其不具有适应性。因此，改革的目的就是使之具备适应性。20世纪八九十年代产生重要影响的几份报告以及“2020工程师”报告都是以“适应性”（adaptability）为主要议题的。1990年的《提高工程人才的灵活性》报告明确地给出了“适应性”内涵的三个层面：第一个层面是指工程技能的迁移，即在不同的工程活动中、在工程领域与非工程领域之间、在不同的经济部门之间实现工程技能的迁移；第二个层面是指把新的科学发现、技术进步转化为市场产品或者生产过程；第三个层面是指把工程领域以外的思想、观念等创造性地引入工程过程。在增强适应性的共同目标下，美国本科工程教育的改革共有三个方向——更专、更宽、更多。“更专”是指使本科工程教育更加专业化，“更宽”是指提供更加宽广的技术教育，“更多”则是指包含更多的内容尤其是通识教育（National Research Council，1985）[57,117-121]。

在行动层面，20世纪90年代以来，美国自然科学基金委员会牵头组织和资助了6个工程教育联盟（Engineering Education Coalitions，EEC）来推进系统改革。这些工程教育联盟是由院校组成的，分别负责不同的改革内容。美国自然科学基金委员会认为，美国本科工程教育的改革缺乏系统性、彻底性，因此应采用联盟形式来推进改革。具体组织了8个改革联盟并明确了各自的改革任务，其中课程开发与相应的教学方法改革是大多数联盟都涉及的改革，包括大一大二工程课程、大一工程设计课程、多学科性的Capstone设计课程、制造业课程等的开发。此外，还有区域学生数据库的建设、教育教学方法创新的评估、多媒体教学等改革任务。美国自然科学基金委员会总结EEC项目指出，本科工程教育的教师们能够积极创造并为本科工程教育的系统改革提供一些重要的模式（National Research Council，1995）。

进入21世纪以后，对美国本科工程教育产生最重要影响的报告是“2020工程师”报告的姊妹篇。21世纪初期，NRC组织大学校长、工学院院长、工程教育专家、企业家等进一步研讨，于2004年和2005年分别发布了《2020工程师：新世纪工程活动的愿景》（*The Engineer of 2020: Visions of Engineering in the New Century*）和《培养2020工程师：使工程师教育适应新世纪》（*Educating the Engineer of 2020: Adapting Engineering Education to the New Century*）两篇报告，面向2020年提出本科工程教育改革的行动方案。今天，“2020工程师”报告在全球本科工程教育界仍然被广泛引用。“2020工程师”报告发布以后，NRC几乎每年都发布1—2份报告，从更加具体的角度倡导改革，议题涵盖工程伦理教育、工程课程改革、女性工程师的成长、真实工程场景的植入等。

通过梳理可以发现，20世纪80年代以来，作为推进美国本科工程教育改革的最重要机构，NRC针对本科工程教育发布报告的频率和持续性是前所未有的。因此，可以认为20世纪80年代中后期到21世纪前20年的近40年时间是美国本科工程教育的重要改革期。

2.1.2　美国本科工程教育需要体系化的重构

梳理文献可以发现，20世纪80年代以来的美国本科工程教育改革主要遵循以下三个逻辑。

2.1.2.1 解决本科工程教育的结构性问题

自20世纪80年代以来，美国本科工程教育一直面临结构性问题——包括规模问题和质量问题。很多调查表明，美国工程师的社会地位不高，进而导致了本科工程教育的规模持续萎缩。时任美国工程院院长的Augustine指出，从横向比较的角度看，工程师的专业性不如医生、律师那样受到社会的广泛认同。甚至有观点怀疑工程教育是一种可以同医学教育、法学教育相并列的专业教育。从纵向比较的角度看，自20世纪80年代到90年代中期，美国的工程师规模有所扩大，但是本科工程教育的规模在持续缩小（张光斗，1995）。进入21世纪以后，更多的数据证明，美国本科工程教育的情况并未得到改善。2006年，Harris Interactive等面向美国公众开展了职业调查。调查结果显示，在22种职业中，工程师职业仅列第10位，而医生、科学家和教师均列前5位。受美国工程学会的委托，Harris Interactive还通过问卷调查的方式比较了科学家和工程师两种职业的社会价值。结果显示，70%的受调查者认为科学家为提高人类生活质量做出了积极贡献，只有20%的受调查者认为工程师也有积极贡献；80%的受调查者认为科学家对环境保护、挽救人类生命等有积极贡献，而认同工程师能够做出上述积极贡献的受调查者仅占15%（王孙禺、曾开富，2011）。美国大众传媒塑造的工程师形象也存在很大的问题，导致公众误认为工程师是社会化能力不足的一群“怪人”。因此，与医学、法律和商业等领域的职业相比，美国工程师职业的社会声望、经济收入、公众形象都有待提升（王孙禺、曾开富，2011）。在此背景下，美国本科工程教育的规模持续萎缩。21世纪初期的调查表明，美国高中毕业生中对工程教育感兴趣、立志做工程师的学生不足其总数的5%（王孙禺、曾开富，2011）。在大二学年结束前仍然坚持学工程类专业的美国学生数量占大一入学时工程类专业学生数量的比重（即工程教育保有率）一度不到50%，也就是说半数以上的美国学生在大学前两年“逃离”了工程类专业（王孙禺、曾开富，2011）。2006年美国高校中获得工程专业学士学位的学生人数比1985

年减少了20%（王孙禺、曾开富，2011）。

除了本科工程教育规模的萎缩，美国本科工程教育的质量也存在很大的问题。在经济衰退期，美国企业中的工程师面临的失业风险比其他很多职业都高。而且，美国的工程师很难进入企业的管理层。有研究认为，美国工程师缺乏领导力和全球化能力，“（美国工程师）在战略思维、概念化能力、交流能力、管理能力和商业能力等方面有待提升。最关键的是，美国工程师对全球事务缺乏战略远见”（王孙禺、曾开富，2011）。美国自然科学基金委员会以建筑高楼来类比说明美国本科工程教育的这种缺陷：“美国大多数高校培养出来的是‘砖瓦工’（bricklayer），而不是‘设计型’工程师（cathedral builder）。”（王孙禺、曾开富，2011）大多数美国理工大学工程教育课堂仍然大量采用课本学习的方式，教学过程极为枯燥。

2.1.2.2 解决研究型大学面临的问题

美国工程院的多份报告指出，诸多深层次原因造成了美国本科工程教育的规模与质量问题。教师激励机制的不合理是其中的一个重要原因。研究表明，美国高校普遍存在强调科研、忽略本科教学的情况（National Research Council，1995；National Research Council，1996）。根据美国高校的长聘制度，对教师的评议从同行评议到教授会评议等多个环节都更重视科研业绩。换言之，对一个教师的成长而言，科研业绩比教学业绩更具决定性。很多美国高校普遍性地出现了以下现象：教师用科研基金买断教学时间；教师普遍认为教学活动挤占了科研的时间和精力；很多教师在获得长聘职位之前忽略教学；教师获得的经费资助一般用于科研活动而不用于提升教学技能；在非正式交流中很少谈及提高教学水平的话题（National Research Council，1996）[6]。

在研究型大学中，上述问题更为严重，并且问题不局限于科研和教学的矛盾中。麻省理工学院的Robert Whitman指出，在美国研究型大学工学院的本科教学活动中，不仅有科研和教学的矛盾，还有科学和工程的矛盾（National Research Council，1995）[31]。侧重科学的工程教育哲学是一种自由主义哲学，侧重工程的工程教育哲学是一种保守主义哲学。在老牌理工大学中，自由主义哲学更为盛行。在传统研究型大学的激励机制下，美国本科工程教育太强调工程科学，而忽略了工程设计与工程实践。

2.1.2.3 适应经济环境变化的逻辑

校园外的社会发展也是教育改革的重要动因。二战期间一直到20世纪70年代，美国工程活动和工程教育重点面向政府和国防。20世纪70年代后期，开始从面向政府和国防向面向企业转变。随着大量日本企业在20世纪七八十年代的崛起，美国的工业企业感受到强烈的国际竞争压力。在政府部门内部，随着美国航空航天局（NASA）和能源部（DOE）等相关机构对工程活动资助的增加，国防研发的比重大幅降低。受此影响，政府对工程教育的资助比例也大幅下降。此外，信息爆炸、技术的快速更新也是推动教育改革的重要因素。

因此，美国本科工程教育改革的逻辑其实可以分为三个层面：第一个层面是解决本科工程教育的结构性问题；第二个层面是解决研究型大学面临的问题；第三个层面是适应经济环境变化的逻辑。

基于上述原因，有观点认为，美国本科工程教育需要的不是改良，而是改革。1995年的报告《工程教育：设计一种更具适应性的体系》（*Engineering Education: Designing an Adaptive System*）提出，本科工程教育的供需双方——院校和工业界获得一个共识：美国本科工程教育需要一场彻底的改革，而不是细枝末节、修修补补的改良（National Research Council，1995）[20-21]。可以认为，这一基本判断主导了美国本科工程教育此后20多年的发展。

2.2 中国本科工程教育的逐渐崛起与多重改革逻辑

2.2.1 从高等教育改革到本科工程教育改革

《中共中央关于全面深化改革若干重大问题的决定》明确宣告，改革开放永无止境。中国式的改革是由中国共产党推动的、全面涵盖经济社会各个领域的改革，因此，改革也是教育领域的主旋律。

与美国本科工程教育改革不同，中国本科工程教育的改革，既包括本科工程教育自身的改革，也包括高等教育乃至整个教育体制的改革。比如，“211 工程”、“985 工程”、大学合并、大学扩招、“双一流”建设等，虽然这些并不是专门针对本科工程教育的建设与改革政策，但是这些政策对本科工程教育产生了重要的影响。因此，分析中国本科工程教育改革，必须以更宏大的视野来展开——要从高等教育改革（甚至教育改革）、本科工程教育自身的改革等多个视角来分析。

新中国成立初期的高等教育改革是从学习苏联经验开始的，并且在很大程度上是从工程教育着手的。1951 年的全国工学院院长会议，拉开了全国高等学校院系调整的序幕。根据苏联经验，工程教育应当在社会主义高等教育中占据绝对优势地位。因此，工学院是院系调整的核心对象。到 1952 年，经过调整、新建，在全国 201 所高等学校中，工学院达到了 43 所。1957 年，全国高校共有专业 323 种，其中工科专业达到 183 个。在教育管理体制方面，改革开放以前的高等教育是“条块分割”管理体制，中央政府各部门一般都设置直属管理的高等学校（即“条块分割”中的“条”），后来又逐渐下放一部分学校的教育管理权限到地方政府（即“条块分割”中的“块”）。这种教育管理体制导致高校专业划分过细、学生就业口径狭窄、学生工作适应性较差。新中国高等教育的布局特征和体制影响在很长一个时期内存在。从规模和布局上看，中国本科工程教育的规模在整个高等教育中仍然占有超过 1/3 的比重。2015 年，在全国 2368 所高校中，设有工科专业的高校占 83%，全国工科本科生毕业人数达 118 万人，全国工科在校生人数达 525 万人（徐飞，2016）。同期全国高校普通本科毕业生人数和在校生人数分别为 358.6 万人和 1576.7 万人，也就是说，全国工科本科生毕业人数占同期全国高校普通本科毕业生人数和全国工科在校生人数占同期全国高校普通本科在校生人数的比重都在 33%左右。从体制影响来看，拓宽学生就业口径仍然是进入21世纪以来中国本科工程教育改革的主要方向之一。

"文化大革命"结束以后，教育领域较早地启动了拨乱反正工作，恢复了招生、教师职称、学位、国际交流等相关制度。本科工程教育改革仍然在改革中占有突出的位置。比如，在国际学术会议中以理工学科为主。在1979年至1981年举办的国际学术会议中，自然科学与工程技术学科的会议占到88%（刘海峰、史静寰，2010）[208]。对中国高等教育和本科工程教育具有深远影响的还包括学位、学科设置等政策。20世纪80年代初期，《中华人民共和国学位条例》《中华人民共和国学位条例暂行实施办法》《国务院学位委员会关于审定学位授予单位的原则和办法》等相继实施，明确了学科和专业点。由此，学科专业目录在很长时期内影响着中国高等教育和本科工程教育。

1985年，《中共中央关于教育体制改革的决定》正式出台，对拨乱反正期间的成果给予了肯定，把中国教育改革的重点明确为"教育体制改革"，这一思路基本延续至今。进入20世纪90年代以来，随着经济实力的增强，中国教育改革和发展形成了体系化的格局。1992年邓小平发表"南方谈话"以后，先后出台了《中国教育改革和发展纲要》《面向21世纪教育振兴行动计划》《全国教育事业"九五"计划和2010年发展规划》等，颁布实施了《中华人民共和国教育法》（1995）、《中华人民共和国高等教育法》（1998）。在世纪之交，又发布了《2003—2007年教育振兴行动计划》。与20世纪80年代相比，20世纪90年代至21世纪初期的教育改革和发展配置了更多的资金、资源，一般以"工程""计划"等中央专项的形式实施。1995年开始实施的"211工程"、1998年开始实施的"985工程"是对中国高等教育格局具有重要影响的两项工程，使高校分层为"985院校"、"211院校"及其他院校。20世纪90年代具有深远意义的改革还包括教育管理体制改革和高校扩招。教育管理体制改革主要是将中央部委院校划转地方政府或教育部等部门管理，结束了高等教育"条块分割"的办学格局。20世纪末期的高校大扩招持续多年，使中国很快地从高等教育精英化时代跨入大众化时代。

梳理高等教育改革与发展的基本脉络可以发现，新中国成立以来到 20 世纪末，本科工程教育的改革和发展是在高等教育改革发展的大框架下进行的。院系调整、拨乱反正、“211 工程”、“985 工程”、“条块分割”的教育管理体制改革等重大进程，对本科工程教育的影响要远比本科工程教育自身的改革影响更大。或者说，在新中国成立以来的 70 余年里，中国本科工程教育改革史即是一部高等教育改革史。这一现实状况决定了不能脱离中国高等教育的大背景来独立地研究中国本科工程教育。

那么，中国的本科工程教育改革是如何从高等教育改革中分离出来的？全国范围内有一定规模、有较大影响的本科工程教育改革行动出现在 20 世纪末。1994 年，国家教委（1998 年国家教委更名为教育部）启动了“高等教育面向 21 世纪教学内容和课程体系改革计划”，将本科工程教育改革作为该计划的重要目标，并且设立了“面向 21 世纪高等工程教育教学内容和课程体系改革计划”工作指导小组。1994 年 6 月，中国工程院正式成立。推进本科工程教育改革，是各国工程院的一项重要工作。中国工程院的成立，意味着本科工程教育改革增加了新的积极推动者。2004 年，中国工程院牵头清华大学等高校、院所和企业完成了对中国工程教育的系列研究，形成了以“走向创新”为主题的 12 份报告并于 2009 年正式发布。2004 年，中国工程院发起组织工程教育国际认证的工作。此后，清华大学、人社部、教育部、中国科协等多主体合作，经过 10 余年的努力，中国科协代表中国加入《华盛顿协议》，建立起与国际实质等效的工程教育认证体系（王孙禺 等，2014）。2007 年，教育部启动重点领域紧缺人才培养工作，其中工科紧缺人才培养得到优先支持。2010 年，教育部启动“卓越工程师教育培养计划”并很快成为中国工程教育研究的热点问题（林健，2013）。2017 年，教育部启动了被称为“卓越工程师教育培养计划”升级版的“新工科”建设

（林健，2017）。“新工科”建设提出，要实现工程教育的存量更新、增量补充、模式创新（林健，2017）。

通过梳理以上历史脉络可以看出，中国本科工程教育的改革自20世纪90年代中期以来进入行动层面。从时间节点上看，中美本科工程教育改革的进入行动层面的时间基本一致。

2.2.2 多重逻辑交织的中国本科工程教育改革

通过前文的梳理可以看到，从20世纪末期开始，在高等教育改革与发展的大背景下，中国本科工程教育开展了很多改革。那么，为什么开展这些改革？

2.2.2.1 本科工程教育的质量问题

从文化背景来说，工程师职业和工程教育在中国社会公众心目中的地位要高于美国，中国社会长期有“学好数理化，走遍天下都不怕”的关于理工教育的老话；在生源方面，中国绝大多数高中学生选修理科。对比前文所述美国本科工程教育面临的结构性问题可以看出，中国本科工程教育的这些优势都是美国本科工程教育所不具备的。高等教育改革和发展的历史、社会公众的认可，共同造就了中国本科工程教育在规模上的优势。

但是，中国本科工程教育面临“大而不强”的问题，在全球范围内长期处于“追随者”的位置。一组被广泛引用的麦肯锡公司2005年的调研数据表明，中国具备全球竞争力的工程师数量仅占全球工程师总量的10%，而美国为80.7%、印度为25%（Gereffi et al.，2009）。因此，本科工程教育改革是中国教育改革中重要而紧迫的一部分。2007年，中国工程院、上海市人民政府共同主办的“新形势下工程教育的改革与发展”高层论坛就工程教育质量进行了调研。结果显示，21.8%的被调查者认为中国工科毕业生无法适应技术发展的需要，52.4%的被调查者认为中国工科毕业生质量不高。2002年的一项国际竞争力比较研究表明，在“国内劳动力市场是否有合格的工程师”一项上，中国位列49个被研究国家的最后一位（丁笑炯，2007）。

2007年的“新形势下工程教育的改革与发展”高层论坛提出，中国工程教育的人才培养过程面临至少六个方面的问题。一是学术化倾向严重，学生实践能力弱。工程教育脱离工程实践，很多工程实习是蜻蜓点水。二是工程教育的培养层次和培养类型同企业需求脱节，各个大学的培养模式类同，都只注重培养帅才，而企业需要的是一大批将才和能工巧匠。三是工程教育教师队伍的“非工化”严重，高校教师普遍缺乏工程经历。四是中国工程教育的道德责任教育缺失。很多毕业生的质量意识缺乏。对于工程师而言，严谨负责的作风有时候比创新能力更加重要。一些毕业生的“官本位”意识突出，不愿意在一线工作；缺乏艰苦奋斗的精神，面对困难时缺少勇气和毅力；个人主义突出，缺乏奉献精神和团队精神。五是中国工程教育和其他教育的衔接融合不够。比如，在基础教育阶段，没有培养出学生对工程的兴趣。继续工程教育的体系没有建立起来。六是中国工程教育还面临投入不足、应试为主、认证评估体系滞后、产学研合作存在体制性瓶颈、应对全球化和国际化竞争不够充分等问题（丁笑炯，2007）。

而且，中国工程教育在生源质量、社会声誉等方面的优势正在流失。该高层论坛认为，中国工程师的社会地位不高。根据2003年的调查，在14个可选职业中，希望子女成为工程师的仅占17.7%，而科学家占到41.7%。同时，上海市在2004年开展的一项调查也显示，工程师不被小学生作为理想的职业和崇拜的人（丁笑炯，2007）。

2.2.2.2　一流大学建设引起的问题

过去二三十年来，中国主要大学都在向研究型大学发展，并且把美国AAU大学作为重要的参照系。因此，美国研究型大学所面临的重科研、轻教学问题也出现在中国本科工程教育中。2015年，中共中央第八巡视组对教育部进行了巡视，认为我国高等学校贯彻党的教育方针不到位，普遍存在“重科研轻教学问题”。《人民日报》对高等学校重科研轻教学现象也有报道（张文 等，2015）。

2.2.2.3 教育体制改革的逻辑

体制改革是中国教育事业发展的重要主题之一。2010 年出台的《国家中长期教育改革和发展规划纲要（2010—2020 年）》提出，要把“改革创新”作为五大工作方针之一。该纲要的正文分为总体战略、发展任务、体制改革、保障措施四个部分，把体制改革作为第三部分进行了系统阐述，体现了体制改革对教育事业发展的重要性。该纲要将体制改革划分为人才培养体制、考试招生制度、建设现代学校制度、办学体制、管理体制、扩大教育开放六个方面的改革内容。

对比可以看出，中国本科工程教育的改革远比美国复杂。如果把本科工程教育改革分为教室内的改革、校园内的改革、校园外的改革三个层面，那么中国本科工程教育在教室以外的改革占有很大的比重。

2.3 全球化时代的中美本科工程教育：崛起与引领

人类已经进入全球化时代。教育活动和教育研究必须具有全球视野。二战以后，美国成长为全球超级大国。过去 30 年里，中国的快速发展是人类社会的一个重要事件。因此，中美两个大国之间的竞争、合作已经常态化。从全球化的视角来分析中美两国的本科工程教育改革，可以更完整、更深刻地理解两国本科工程教育改革的脉络与逻辑。

全球视野是美国教育界的一个传统。“加德纳报告”之所以得出“美国处于危机之中”的结论，主要是基于美国同苏联、日本等国家的教育数据的比较。在早期的美国本科工程教育改革中，苏联和日本是最重要的参照系。“加德纳报告”认为，与日本在教育上的差距可以解释美日经济的差异。在 20 世纪 80 年代酝酿本科工程教育改革时，美国本科工程教育界是以苏联和日本为主要比较对象的。1986 年的报告《本科工程教育》提出，苏联、日本等国家都已经认识到，一国的全球领导力取决于技术优势（National Research Council，1986）。日本经济在 20 世纪 80 年代的崛起引起了美国的关注。美国工程院在《提高工程人才的灵活性》报告中指出，从历史的经验来看，科技必须尽快适应经济。20世纪20年代，当欧洲还是科学中心的时候，美国的经济就已经开始超越欧洲，后来科学中心也开始从欧洲向美国转移。20世纪80年代以来，虽然美国仍然是世界的科学中心，但是日本已经在全球市场中表现出迅猛的发展态势。因此，一个担忧是，历史会不会重演，即科学中心是否会转移到经济上已经崛起的日本（National Research Council，1990）[1]。20世纪80年代初期，Julian Gresser明确提出，美日之间的技术竞争本质上是另外一种形式的军备竞赛，是东西方在工业界的军备竞赛。一份提交给卡特总统的报告明确指出，本科工程教育被认为是“保持美国领先地位的关键”（史光云、李旭，1981）。1990年，美国工程院把工程人力资源的适应性问题确定为决定美国全球竞争力和全球技术领导力的重要议题（National Research Council，1990）[5]。20世纪90年代东欧剧变、苏联解体和日本遭遇经济危机以后，尤其是进入21世纪以后，中国的快速发展令世界瞩目。2007年，美国发布了题为《美国从地球上跌落了吗》（*Is America Falling off the Flat Earth*）的报告。该报告通过全面比较各项数据，分析美国的竞争力是否下降。该报告得出结论认为，如果说美国的竞争力并没有下降的话，那么至少有下降的趋势。在该报告的12章正文中，有3章专门分析科学与工程、研究、创新等活动。中国作为重要的参照系在该报告中被提及——该报告开篇提出了反映出美国竞争力减弱、其他国家竞争力增强的27个现象，其中有6个现象同中国直接相关。在该报告中，中国是全球所有国家和地区中被提及次数最多的国家，日本次之，俄罗斯、印度等则很少被提及。21世纪以来，在NRC发布的其他报告中，关于中国的数据越来越多。在这种背景下解读美国本科工程教育的改革可以发现，所谓增强本科工程教育的“适应性”，其更为根本的目的是维持美国在全球经济和科技领域的引领或领导地位。

就改革进程中的中国和中国本科工程教育而言，在全球化时代的一个重要目标是快速发展。近年来，中国本科工程教育的改革成就已经引起国际高等教育界的注意。2016 年 6 月 2 日，中国科协代表中国成为国际工程师互认体系——《华盛顿协议》的第 18 个正式会员。2016 年 6 月 6 日，联合国教科文组织国际工程教育中心在北京揭牌。2016 年 10 月，由美国新闻界主导的《美国新闻与世界报道》（*U. S. News & World Report*）发布了 2017 年度全球最佳大学排名，该排名以文献计量学为主要方法，根据工程学科全球大学排名，清华大学、浙江大学、哈尔滨工业大学、上海交通大学分别位列全球第 1、5、7、9 位，麻省理工学院、加州大学伯克利分校、斯坦福大学、佐治亚理工大学分别位列第 2、3、8、10 位，中美大学在工程学科全球大学前十位排名中平分秋色。对于中国在航空航天、高铁等工程技术领域取得的进步，西方国家也认为工程师是重要的决定性因素，甚至有观点认为中国这一代的年轻工程师已经超越西方工程师。而这一代的年轻工程师都是世纪之交以来中国本科工程教育改革背景下的“产品”。清华大学王孙禺教授则提出，经历了由 19 世纪后半叶起步阶段的接受、模仿，到 20 世纪以来的主动选择和积极探索，中国本科工程教育逐渐呈现本土化、民族化、现代化的特点（骆文杰，2016）。

如果说前文所述的中美本科工程教育改革三大主要逻辑还无法简洁地概括两国的改革，那么崛起和引领可以很好地概括中美两国的本科工程教育改革目标。换言之，从全球化的视角来看，美国本科工程教育改革的逻辑是保持美国在全球高等教育中的引领地位，中国本科工程教育改革的逻辑则是使中国成长为高等教育强国。

从时间节点（见表 2-1、表 2-2）来看，中美两国都在世纪之交酝酿和采取了很重要的改革行动。因此，对世纪之交以来的中美两国本科工程教育改革进行研究具有重要的意义。

表 2-1 世纪之交以来美国本科工程教育改革的重要时间节点

时间节点	改革酝酿或改革行动
1997 年	新建欧林工学院
1997 年	新建凯克研究院

续表

时间节点	改革酝酿或改革行动
2001 年	改革 ABET 工程教育认证标准，出台 EC2000
2004 年	“2020 工程师”报告
2008 年	美国工程院大挑战学者计划

表 2-2　世纪之交以来中国高等教育改革和本科工程教育改革的重要时间节点

时间节点	改革酝酿或改革行动
1995 年	“211 工程”
1998 年	“985 工程”
1999 年	大学扩招
2004 年	国际工程认证
2010 年	卓越工程师教育培养计划
2017 年	“新工科”建设

第3章
中美本科工程教育改革比较研究的问题与框架

3.1 中美本科工程教育改革比较研究相关问题

中美本科工程教育改革的比较研究需要在以下两个方面进一步完善。

第一，中国本科工程教育研究者对美国本科工程教育改革有广泛的研究，但研究缺乏连贯性和全面性。

在中国30年来的教育研究中，美国是一个重要参照系。中国本科工程教育的改革研究也不例外。美国本科工程教育的改革从20世纪90年代开始就引起了中国本科工程教育界的关注。在目前可以公开检索到的中文文献中，清华大学、浙江大学等高校最早组织团队对美国宏观层面的工程教育改革文献做出介绍或者研究。1995年，清华大学的张光斗先生全文翻译了美国工程院院刊呼吁进行工程教育改革的两篇文章——《工程教育：设计一种更具适应性的体系》和《变革之风——正在开始的工程教育改革是需要的》。张光斗先生提出，中国本科工程教育存在同美国类似的问题，因此，他发表在《中国高等教育》上的译文中文题目为《高等工程教育必须改革——向高教界的同志们推荐两篇文章》。1996年，浙江大学的王沛民、顾建民对20世纪90年代中期美国的三份报告，即《面对变化世界的工程教育》、《重建工程教育：

重在变革》及《工程教育的主要议题》进行了研究。王沛民等学者认为，这三份报告有一个共同的旗帜，即重建美国的工程教育。2006 年，浙江大学的李晓强、孔寒冰、王沛民对美国“2020 工程师”报告的两份姊妹篇报告展开了研究，认为美国正在进行一场全面的、制度化的本科工程教育改革。通过对中文文献的检索可以发现，中国本科工程教育界对美国宏观政策的研究主要是基于上述报告。中国高等教育界更多的则是在世界一流大学建设和高水平大学建设的背景下对美国名校展开研究。在中国期刊网收录的 CSSCI 论文中，以美国两大工程教育重镇——麻省理工学院和加利福尼亚理工学院为主题的论文分别达到 326 篇和 155 篇。对于美国自然科学基金委员会确立的本科工程教育改革样本——欧林工学院也有 7 篇论文进行研究（检索时间为 2017 年 1 月 1 日）。清华大学教育研究院（其前身为清华大学教育研究所）收集、整理、翻译并全面地研究了 100 余份麻省理工学院校长报告，由此产生了博硕士学位论文 10 余篇、论著 2 部以上。就具体的改革实践而言，美国本科工程教育的改革长期以来是中国高校的重要参考。例如，近年来，有重要影响的 CDIO 改革起源于美国，在中国的汕头大学等高校开展得如火如荼（顾佩华 等，2012）。

就中国本科工程教育界的研究而言，从宏观政策的层面主要关注了《面对变化世界的工程教育》、《重建工程教育：重在变革》和“2020 工程师”报告。显然，这些研究不够全面。除了“2020 工程师”报告之外，中国本科工程教育界的研究焦点并没有对准同时期最具影响力的报告。《面对变化世界的工程教育》和《重建工程教育：重在变革》是摘要性质的，全文不过寥寥几页数千字篇幅。而同时期发布的《工程教育：设计一种更具适应性的体系》则要全面、系统、深入得多。并且，20 世纪 80 年代和 90 年代中期 NRC 密集发布的报告都未完整地进入中国学者的视野。对 NRC 所属美国科学院出版社出版的文献进行检索，以“engineering education”为检索词，从 1995 年到 2016 年，共有 1213 篇文献（检索截止日期为 2016 年 8 月 25 日），而且这些文献以报告为主。事实上，从二战结束至今，美国 ASEE、NSF、NAE 等机构几乎每年都有数十篇报告发布。在美国科学院出版社出版的书目中，图书分类为“Education>>Engineering Education”的报告总计有 48 篇，其中最早的报告出版于 1985 年。图书分类为“Engineering and Technology>>Engineering Education”的报告总计有 53 篇，其中最早的报告也是出版于 1985 年。除去两个图书分类中重复的报告，关于本科工程教育改革的美国工程院报告总计有 60 篇。因此，需要回答的一个问题是，美国这三大机构发布的报告数以千计，关于本科工程教育改革的报告有 60 篇，何以只有前文所述几份报告被中国学者重点研究？一个可能的原因是，20 世纪的文献电子化、网络化水平不高，文献传播途径有限，因此很多更为系统、权威的报告没有被中国学者接触到。中国的比较教育研究受制于文献的可获得性，只能依据可以获得的文献去了解美国的本科工程教育改革。在进入互联网时代以后，美国在各个时期的重要报告基本都完成了电子化工作，并且一般能通过网络检索到。对重要文献缺少系统梳理，使得中国学者的很多研究对美国本科工程教育改革的思考缺乏一种历史深度。换言之，很多研究仅仅是截取了美国本科工程教育改革的一个片段进行研究，研究结论难免片面。

第二，中美两国本科工程教育改革研究都缺乏对院系改革行动的可推论性研究。

通过文献检索发现，美国本科工程教育界对中国本科工程教育中观和微观层面的研究还不够系统和深入。在有限的文献阅读中，尚未发现美国学者研究中国大学院系层面的工程教育改革。造成这种现象的原因可能有二，其一是中国大学的整体表现尚不及美国大学，其二是美国高等教育界的研究受限于语言障碍。对于没有语言障碍的英语国家，美国学界有相应的研究成果，比如 Nodia Nicole Kellam（2006）的博士学位论文主要从美国和澳大利亚两个国家中选择了若干典型院校进行本科工程教育改革的比较研究。

从前面的文献梳理可以看到，本科工程教育改革在中美两国的宏观政策层面都很受重视。但是，在中观层面和微观层面，本科工程教育改革的推进是值得进一步区分研究的。1995年的报告《工程教育：设计一种更具适应性的体系》认为，美国的高等教育环境存在很多现实的改革困难。美国高等教育是一个分权化的体系，院校、院系以及教师个人层面都有可能以学术自由为理由来抵制改革。因此，该报告倡议，各大工学院应根据具体情况推进改革（National Research Council，1995）[45]。该报告提出的最重要的四条建议是：从院系层面建立制度化的自我评估机制；重新定义“学术”，建立更加平衡的教师激励体系；改善教学方法和教学实践；尝试改革学位学制等。这四条建议基本都是针对院系层面的改革。因此，《工程教育：设计一种更具适应性的体系》的改革观点被总结为倡导建立一种新的学院文化（collegiality）（National Research Council，1995）。查阅美国的工程教育文献也可以发现，reform 一词一般出现在全国性的报告中，院校层面的报告则很少使用。类似地，中国的本科工程教育改革能否从宏观政策转换为具体、科学、有效的院校行动，也是值得研究的。换言之，宏观政策层面的理念如何转化为中观和微观层面的实践，也具有一定的研究意义。

就中国高等教育界对美国名校展开的院校研究而言，还存在一个可推论性问题。麻省理工学院、欧林工学院等美国名校确实具有一定的典型性和代表性，但是否一两所院校就可以代表美国本科工程教育改革的整体状况？显然，只有对更多样本院校进行横向比较才能使研究结论更具推论性。

同时要注意，关于两国本科工程教育改革行动的比较研究还不多。或者说，单纯关注美国本科工程教育改革或单纯关注中国本科工程教育改革的研究都有，但是对中美本科工程教育改革进行系统比较的研究还不多见。而且现有的研究一般将关注点放在既存现象上，比如中国学者更多地关注美国研究型大学的静态运行状况。但是，要注意到，美国高等教育界已经逐渐把研究型大学和传统工程教育作为改革对象。因此，以改革的视角来观察美国高等教育的动态变化，具有重要的意义。

3.2 理论基础与理论框架

3.2.1 基于语料库的批判话语比较研究

话语（discourse），是指构成一个客体的陈述体系。话语分析涉及语言，但话语并不等同于语言。语言是一种自然行为，话语则是一种社会行为。话语是语言与社会规约的结合，而不是孤立、抽象的语言形式。纯粹的语言是静止、抽象、孤立的词汇、句子、篇章等，与环境和情景没有关系。话语则是动态、具体和意向的，其表述的意义必须结合语境来理解（吕源、彭长桂，2012）。话语在不同语境下有很大的语义差别，具有明显的意向性。

话语分析的概念最早被美国结构主义学家 Zellig Hariis 于 1952 年提出，已有 70 多年的发展历史。John Scott （2006）[228]把话语分析定义为"在文本和情景之间进行认真的、细致的阅读以考察话语的内容、组织和功能"。费尔克拉夫（2003）[8-9]认为，话语分析主要通过话语来研究社会变迁，是一种多功能的、历史的、批判的方法。

根据不同的分类标准，话语分析理论可以分为很多个学派（黄国文、徐珺，2006）。本书的理论基础之一是基于语料库的批判话语分析。20 世纪 80 年代，以 Fairclough 为代表，在话语分析领域形成了批判话语分析学派（Critical Discourse Analysis，CDA）。该学派以文本为中心。一个典型的 CDA 研究过程从微观到宏观可以划分为三个层次：第一个层次是对文本进行词汇、语法等层面的语言学描述分析；第二个层次是对话语实践进行过程阐释，回答"语言由谁说出""前后语境呈现什么特点""话语秩序是否发生变化"等问题；第三个层次是对社会实践做出分析，回答话语反映出"什么样的权力""什么样的意识形态""制度怎样变迁"等关键问题。

话语分析的对象既可以是单独的文本，也可以是大量的文本。在 CDA 研究框架产生之初的 20 世纪 80 年代，计算机技术还未被社会科学领域广泛使用，因此 CDA 研究的分析对象一般是单独的或较少数量的文本。但有研究提出，文本数量过少会导致对话语的解释缺乏客观性和系统性，而且对相关研究的论点论据进行分析可以发现，小样本的文本分析会出现循环论证现象（Widdowson，1995；Stubbs，1996；Toolan，1997；唐丽萍，2011）。因此，话语分析要想达到社会批判的目的，一个重要的方法是增加文本数量，即建立语料库。基于语料库的批判话语分析可以从文本中抽取出重要的例证和不断重复的语言，从而识别语篇隐含的思想（Hunston，2002）[123]。除此之外，基于语料库的批判话语分析还通常会发现在研究视野之外的新思想，从而帮助研究者找到新的研究切入点（Baker et al.，2008；钱毓芳，2010）。从性质上说，基于语料库的批判话语分析方法被认为有效地打破了定量与定性研究的界限，或者说是定量研究与定性研究的结合（Hardt，1995；钱毓芳，2010）。

基于语料库的批判话语分析方法包括词频、词丛、主题词（关键词）、搭配、索引分析等技术。词频分析指分析语料库中词汇的分布情况，重点是发现出现频率较高的词。词频帮助研究者辨别语料库的最基本特征及其所反映出来的话语意义，因而被认为是语料库中最重要的数据。某个词连同其左右共现的固定形式被称为词丛，词丛反映的是上下文及语篇惯用的结构。主题词（关键词）是指在考虑语言变体的情况下，按照设定词频或者其他统计原则所提取出来的高频词。所谓语言变体，包括语用习惯等因素造成的拼写差异、用词差异等，比如英式英语和美式英语可能会存在语言变体。搭配的研究与词丛有一定重叠，但更注重与某个特定词相伴的词。搭配反映的是单词共现的“习惯性”和“趋向性”（钱毓芳，2010）。因此，搭配的研究对象是单词，而词丛的研究对象是词组。本书的主要研究方法包括语料库的词频、词丛、主题词（关键词）、搭配等。

话语分析是语言学、社会学等多学科交叉的一个领域。因此，批判话语分析方法被广泛用于语言学、社会学、心理学、管理学、教育学、政治学等多个学科领域。

批判话语分析方法应用到管理学研究中，形成了“组织话语”的管理学研究框架。所谓“组织话语”，是指体现在说话和写作实践中的结构化文本的集合。在“组织话语”研究框架中，文本既是“组织话语”的表现形式，也是“组织话语”的基本分析单位。文本可以是语言性质的素材，也可以是非语言性质的符号类素材（吕源、彭长桂，2012）。大学是现代社会中最重要的一类组织，因此可以采用“组织话语”的分析框架。

中外教育学者都曾采用批判话语分析方法。批判话语分析学派的鼻祖和代表性人物 Fairclough 关注的一个重点领域就是高等教育改革。他采用批判话语分析方法研究欧洲高等教育的改革，认为罗马尼亚高等教育改革的一个特征就是引入了新话语。

在中国，钱毓芳较早地将语料库方法和批判话语分析方法相结合，并且在政治学领域做了相关研究。钱毓芳的研究以英国《太阳报》对本·拉登话语的建构为例，探讨报纸如何将国家利益、经营目的、读者定位等政治和社会因素渗透到话语中（钱毓芳，2010）。以中国 1998 年至 2008 年的《政府工作报告》为语料库，钱毓芳、田海龙（2011）研究了十年间中国的改革话语变迁。以“中国梦”主题的新浪微博文本为语料库，钱毓芳、田海龙（2011）研究了“中国梦”的话语体系特征和话语传播方式。

刘燕楠（2015）和刘茂军、孟凡杰（2013）提出，应在教育学研究中引入批判话语分析方法，并对教育研究中的话语分析展开方法论探讨。教育政策和课堂教学是采用批判话语分析方法最多的两个领域。其中典型的研究如孙亚、窦卫霖（2013）对 OECD 国家教育公平政策的分析，张奂奂、高益民（2015）和李雨潸（2016）对国内外大学章程的话语分析，王兄、方燕萍（2011）对新加坡数学研究课的课堂话语分析等。但昭彬（2005）、刘韬（2015）的博士学位论文分别用批判话语分析方法研究了中国教育宗旨、学校体育教育。邓家英（2015）采用批判话语分析方法研究了重庆市学前教育的政策。这些研究虽然采用了批判话语分析方法，但是并未使用语料库的方法。孙亚、窦卫霖（2013）对 OECD 国家教育公平政策的分析，李雨潸（2016）对国内外大学章程的分析，邓家英（2015）对重庆市学前教育政策的研究都涉及很大数量的文本，但是在其研究中并没有采用语料库的方法，既没有明确使用语料库的概念，也没有采用词频分析等技术。

由于语料库和批判话语分析主要从语言学科发展而来，很多应用语料库和批判话语分析方法的教育研究成果是由外语教学界完成的。在高等教育领域，程军、高文豪（2017）对美国200多所公立院校的使命宣言进行了基于语料库的批判话语分析。程军、高文豪（2017）研究发现，美国公立院校积极融入“全球化3.0”时代，树立了以学生为中心的理念，可迁移能力培养、学术拓展与参与、公民教育、全球视野是其使命宣言的重点。程军、高文豪的研究对于本书的研究有重要的借鉴和参照意义。但是应注意到，程军、高文豪的研究是对美国200多所公立院校的研究，并没有聚焦某一类院校。在一个多样化的办学体系中，不同类型层次的院校，其办学使命必然有很大的差异，因此，聚焦某一类院校进行研究有更重要的意义。同时，程军、高文豪的研究是针对院校层面的，不是针对院系层面的。此外，程军、高文豪并没有采用比较教育研究的方法，即没有将美国这200多所公立院校同中国高校进行对比。

3.2.2　高等教育“中心—边缘”理论

“中心—边缘”理论（依附理论）是20世纪中期发展经济学提出的一套研究框架，最早用于解释拉丁美洲经济落后的现象。20世纪六七十年代，“中心—边缘”理论被引入国际比较教育学界，主要用于探讨西方工业化国家与第三世界国家高等教育之间的关系（王光妍，2016）。

阿特巴赫认为，全球大学可以分为“中心”大学和“边缘”大学两类。“中心”大学以西方工业化国家的研究型大学为主，拥有充足的教学科研经费、先进的实验室和完备的学术期刊，因此在全球扮演知识创造者的角色。“边缘”大学的财力资源、人力资源、物力资源和信息资源都较为缺乏，主要照搬和依赖西方工业化国家的“中心”大学，因此在全球扮演知识消费者的角色。第三世界国家的大学一般都是“边缘”大学（阿特巴赫，2001）[27]。

阿特巴赫提出，全球大学的“中心—边缘”不平等依附关系的形成，有多方面的因素和表现形式。从历史与文化因素来看，现代大学发源于西方中世纪，近代以来则因为德国、美国先后变革而形成了国际学术中心（阿特巴赫，2001）[33]。语言与话语因素也被认为是一个重要因素。总体上，国际学术界以英语为主要语言，法语和德语为辅助语言，英语国家主办绝大多数英文学术期刊，因此西方工业化国家的研究型大学掌握着国际学术活动的话语权（阿特巴赫，2001）[35-38]。此外，人才资源因素的单向流动也是第三世界国家的大学对西方工业化国家的大学形成依附关系的重要原因。

根据阿特巴赫的观点可以看出，历史与文化因素、语言与话语因素、人才资源因素等，既是依附关系形成的原因，也是依附关系的表现形式。也就是说，“边缘”大学对“中心”大学的不平等依附关系是多方面的：“边缘”大学会因为“中心”大学的成功而去学习模仿“中心”大学的制度文化、改革实践和话语方式等。

为此，阿特巴赫对第三世界国家高等教育发展给出的建议是：要正视历史与现实，同时去除依附心理；要加强国际学术合作，尤其是要善于从国际上吸引人才。阿特巴赫特别强调，第三世界国家的高等教育要想摆脱与西方工业化国家的不平等依附关系，必须重视民族文化传统，发展本土化的高等教育。正如阿特巴赫对中国高等教育的忠告，“（教育）深深地植根于中国现代历史，并且切实成为当代中国的组成部分之一”，“照搬外来经验差不多一直是一种错误”（阿特巴赫，2001）。

3.3 问题聚焦与方法选择

3.3.1 研究问题聚焦

本书重点研究世纪之交以来美国本科工程教育为保持其引领地位、中国本科工程教育为崛起而发起的改革行动。研究内容可以分为以下两方面。

第一，中美工学院系的改革目标比较。中美工学院系分别提出了哪些办学目标？这些目标有哪些差异？作为第三世界国家的中国，其工科院系是否形成了对美国工学院的话语依附？

第二，中美工学院系的改革内容比较。中美工学院系的改革分别是怎样从行动上推进的？作为第三世界国家的中国，其工科院系是否形成了对美国工学院的行动依附？

本书提出两个假设：一是中美工学院系的改革目标具有一致性；二是中美工学院系的改革内容具有一致性。

从高等教育“中心—边缘”理论的视角出发，如果中美工学院系的改革目标和改革内容一致，那么就可以认为中国本科工程教育的发展依附于美国本科工程教育的发展。反之，如果目标和内容不一致，则可以认为中国本科工程教育的发展有其独立性。

3.3.2　基于语料库的批判话语分析方法

对中美工学院系改革目标的比较研究，笔者采用基于语料库的批判话语分析方法。改革目标通过工学院的使命宣言来界定。大学使命宣言具体表现为大学的宗旨、目的和理想，是表明大学目的、职能和存在价值的综合体（史静寰，2014）。高等教育界对大学使命宣言的研究一般是在学校层面进行，很少有研究在院系层面展开。本书主要研究院系层面的使命宣言，并且借用大学使命宣言的概念来定义院系使命宣言：院系使命宣言表现为院系的宗旨、目的和理想，是表明院系目的、职能和存在价值的综合体。

为什么使命宣言能够反映出院系的改革目标？根据史静寰的观点，使命宣言使大学组织形成一种文化认同和组织合力，使大学内部各个层面依据核心价值观向着同一个方向努力。从这个意义上说，使命宣言是大学的“魂魄”（史静寰，2014）。改革是一种为实现使命、愿景而实施的组织行为，因此，院系的使命宣言能够反映出其改革目标。本书所谓的使命宣言是广义的，既包括狭义的使命表述，也包括愿景、战略目标和核心价值观等其他表述。

具体研究步骤是：首先，收集整理中美两国工学院系官方公布的战略规划、院系简介、专门性报告等文本并建立语料库；其次，采用Nvivo 10.0作为研究工具，将愿景、使命、战略目标和核心价值观表述分别编码成为节点；再次，对节点做词频分析；最后，在词频分析的基础上，对高频单词展开进一步的话语研究并提炼出主题词（关键词），对主题词（关键词）的词丛、搭配、社会背景等进行分析。需要注意的是，本书的话语分析主要针对节点进行，部分院系对使命宣言有很大篇幅的阐释性文字，这些阐释性文字不进入语料库做词频分析。

Nvivo 10.0不支持中文文本的词频分析，但是为了实现词语云等的中美比较，必须采用同一语言。因此，收入本书语料库中的中国工科院系使命宣言文本是其官方主页简介的英文版。

3.3.3 院校案例研究方法

本书采用院校案例研究方法。院校案例研究方法既可以用于“知己”，即调查了解院校自身的办学状态，也可以用于“知彼”，即了解其他大学的办学状态。院校案例研究方法对院校之间进行标杆参照式的比较（常桐善，2013）。因此，院校案例研究方法可以看作一种特殊的案例分析法和比较研究法。

前文已述及，由于院校具体情况千差万别，对单一院校或少量院校进行研究会影响研究的可推论性。为此，本书选择多所具有代表性的中美工学院系进行研究。特别要强调的是，为区别于其他以院校为对象的院校研究，本书主要以院系为研究对象。

怎样选择具有典型代表性的美国工学院？本书从政策参与角度入手进行选择。NRC的各项报告均由其专门委员会完成，专门委员会的组成成员以大学教授为主。因此，本书以参与撰写20世纪80年代、90年代和“2020工程师”报告的大学为主要研究对象。除去网络信息公开不够完整的院校以外，本书所研究的30所美国工学院所属大学的基本情况如表3-1所示。

表 3-1　本书所研究的 30 所美国工学院所属大学的基本情况

<table>
<tr><th rowspan="2">序号</th><th rowspan="2">学校</th><th rowspan="2">属性</th><th rowspan="2">是否AAU</th><th rowspan="2">建校时间</th><th colspan="2">“美新”全国排名</th><th rowspan="2">卡内基分类</th></tr>
<tr><th>名次</th><th>类别</th></tr>
<tr><td>1</td><td>麻省理工学院</td><td>私立</td><td>是</td><td>1861</td><td>1</td><td rowspan="25">工程学科研究生教育（或工程教育最佳研究生院）排名</td><td rowspan="24">综合型、博士教育型、一流研究型大学</td></tr>
<tr><td>2</td><td>斯坦福大学</td><td>私立</td><td>是</td><td>1891</td><td>2</td></tr>
<tr><td>3</td><td>加州大学伯克利分校</td><td>公立</td><td>是</td><td>1868</td><td>3</td></tr>
<tr><td>4</td><td>密歇根大学</td><td>公立</td><td>是</td><td>1817</td><td>4</td></tr>
<tr><td>5</td><td>卡内基梅隆大学</td><td>私立</td><td>是</td><td>1900</td><td>6</td></tr>
<tr><td>6</td><td>普渡大学</td><td>公立</td><td>是</td><td>1869</td><td>7</td></tr>
<tr><td>7</td><td>佐治亚理工学院</td><td>公立</td><td>是</td><td>1885</td><td>8</td></tr>
<tr><td>8</td><td>得克萨斯大学奥斯汀分校</td><td>公立</td><td>是</td><td>1823</td><td>10</td></tr>
<tr><td>9</td><td>德州农工大学</td><td>公立</td><td>是</td><td>1871</td><td>12</td></tr>
<tr><td>10</td><td>加州大学圣迭戈分校</td><td>公立</td><td>是</td><td>1960</td><td>12</td></tr>
<tr><td>11</td><td>普林斯顿大学</td><td>私立</td><td>是</td><td>1746</td><td>17</td></tr>
<tr><td>12</td><td>威斯康星大学麦迪逊分校</td><td>公立</td><td>是</td><td>1848</td><td>20</td></tr>
<tr><td>13</td><td>马里兰大学帕克分校</td><td>公立</td><td>是</td><td>1856</td><td>22</td></tr>
<tr><td>14</td><td>加州大学圣芭芭拉分校</td><td>公立</td><td>是</td><td>1891</td><td>24</td></tr>
<tr><td>15</td><td>华盛顿大学</td><td>公立</td><td>是</td><td>1861</td><td>26</td></tr>
<tr><td>16</td><td>杜克大学</td><td>私立</td><td>是</td><td>1838</td><td>26</td></tr>
<tr><td>17</td><td>俄亥俄州立大学</td><td>公立</td><td>是</td><td>1876</td><td>29</td></tr>
<tr><td>18</td><td>弗吉尼亚大学</td><td>公立</td><td>是</td><td>1819</td><td>40</td></tr>
<tr><td>19</td><td>佛罗里达大学</td><td>公立</td><td>是</td><td>1853</td><td>43</td></tr>
<tr><td>20</td><td>凯斯西储大学</td><td>私立</td><td>是</td><td>1826</td><td>50</td></tr>
<tr><td>21</td><td>亚利桑那大学</td><td>公立</td><td>是</td><td>1885</td><td>58</td></tr>
<tr><td>22</td><td>圣母大学</td><td>私立</td><td>否</td><td>1842</td><td>54</td></tr>
<tr><td>23</td><td>弗吉尼亚联邦大学</td><td>公立</td><td>否</td><td>1838</td><td>132</td></tr>
<tr><td>24</td><td>霍华德大学</td><td>私立</td><td>否</td><td>1867</td><td>132</td></tr>
<tr><td>25</td><td>得克萨斯大学埃尔帕索分校</td><td>公立</td><td>否</td><td>1914</td><td>无</td><td>综合型、博士教育型、高水平研究型大学</td></tr>
<tr><td>26</td><td>伊利诺伊州立大学</td><td>公立</td><td>否</td><td>1857</td><td>无</td><td>无</td><td>专业型、博士教育型、研究型大学</td></tr>
<tr><td>27</td><td>哈维穆德学院</td><td>私立</td><td>否</td><td>1955</td><td>1</td><td rowspan="4">工程教育本科项目排名</td><td>本科教育型大学</td></tr>
<tr><td>28</td><td>欧林工学院</td><td>私立</td><td>否</td><td>1997</td><td>3</td><td>专业类院校：工学院</td></tr>
<tr><td>29</td><td>库珀联合学院</td><td>私立</td><td>否</td><td>1859</td><td>9</td><td>多科型本科教育大学</td></tr>
<tr><td>30</td><td>维拉诺瓦大学</td><td>私立</td><td>否</td><td>1842</td><td>99</td><td>硕士教育型大学</td></tr>
</table>

注：AAU 是指北美大学联合会（Association of American Universities）成员大学，AAU 自称、同时也被公认为是美国和加拿大顶尖研究型大学的联盟。表 3-1 中的排名是 2018 年《美国新闻与世界报道》（表头中简称“美新”）的排名（排名数据的检索日期为 2018 年 4 月 7 日），https：//www.usnews. com/。

本书所研究的30所美国大学均设有工学院（其中欧林工学院整体为工学院）。在中国大学中，院系的名称一般同学科相联系，如计算机科学与工程学院、航空航天工程学院等。与中国大学相区别的一点是，美国大学在设立下属的工程教育二级机构时一般采用“工学院”的名称。在30所美国大学中，伊利诺伊州立大学设立了“应用科学与技术学院”，霍华德大学设立了“工程、建筑与计算机科学学院”，其他高校所设工程教育二级机构都称为“工学院”。为表述方便，本书统称为美国工学院。[①]

本书所研究的30所美国工学院所属大学中，有研究型大学26所，有AAU大学21所；有公立院校18所，私立院校12所；截至2015年，校史超过百年的名校有27所，最年轻的欧林工学院则只有18年校史。根据2018年度《美国新闻与世界报道》的排名，21所AAU大学中，有20所进入工程学科研究生教育（或工程教育最佳研究生院）排名前50强；4所非研究型大学中有3所在工程教育本科项目排名中位列美国前10。因此，本书所研究的30所美国工学院是具有一定代表性、办学水平较高、掌握美国本科工程教育话语权的一批工学院（曾开富 等，2016）。

中国大学的选择以部属高校为主。在对改革目标的话语分析时涉及24所大学。这些大学一般有较强的工程教育基础，或者是大力发展工程教育的综合性大学。其中，有“211高校”7所，包括北京科技大学、北京化工大学、华东理工大学、南京航空航天大学、南京理工大学、西南交通大学、西安电子科技大学；有既是“211高校”又是“985高校”的17所，包括清华大学、北京大学、北京航空航天大学、北京理工大学、上海交通大学、浙江大学、南京大学、哈尔滨工业大学、西安交通大学、华中科技大学、四川大学、南开大学、山东大学、华南理工大学、中国海洋大学、天津大学、西北工业大学。对改革目标的话语分析涉及上述24所大学的45个工科院系。

① 关于美国工学院改革目标、使命宣言等的研究成果已经发表。参见曾开富等（2016）。

中美两国院系层面改革行动研究的案例选择方法如下。

第一，美国案例选择方法。美国案例从美国研究委员会及美国工程院报告中选取。

调研美国研究委员会及美国工程院的90个研究项目和近30年来的工程教育报告。90个立项形成的报告及近30年来的报告总计60份，其中提及本科工程教育改革的案例有105处（整理重复内容之后为90处），涉及63个美国工学院。虽然报告发布的时间是1985年以后，但只有5项改革的报告时间为2000年以前。这在一定程度上表明美国本科工程教育的改革从20世纪八九十年代以来的酝酿期进入世纪之交的行动期。

第二，中国案例选择方法。选择高等教育国家级教学成果奖和公开发表的教育学论文作为研究对象。

根据教育部《关于批准2001年高等教育国家级教学成果奖获奖项目的决定》，高等教育国家级教学成果奖“是全国高等教育界广大教育工作者在教学工作岗位上，经过多年艰苦努力获得的创造性劳动成果，在总体上代表了当前我国高等教育教学工作的最高水平，充分体现了近年来我国在高等教育教学改革方面所取得的重大进展”。笔者查询2001年以来的高等教育国家级教学成果奖获奖名单，从中梳理出属于工程教育的奖项。根据奖项名称、完成单位、完成人等信息查阅下载公开文献，然后对文献进行分析。

教育学论文的选择则以《高等工程教育研究》刊发的论文为主。《高等工程教育研究》是由教育部主管，由华中科技大学、中国工程院教育委员会、中国高等工程教育研究会、全国重点理工大学教学改革协作组等多家单位合作主办的一份CSSCI来源期刊，被认为是中国第一份也是唯一一份面向工程教育研究的全国性权威学术期刊。在案例选择时，主要选择系统介绍部属“211高校”（含“985高校”）工科院系层面改革举措的案例，院校层面的改革不作为案例。

第4章
中美本科工程教育的改革目标比较

4.1 使命宣言话语分析的具体操作方法

本书采用 Nvivo 10.0 对中美工学院系的使命宣言语料库进行批判话语分析。重点是词频分析。Nvivo 10.0 词频分析的具体方法有以下三个。

第一，停用词的处理。在 Nvivo 10.0 中，a、about、the 等虚词已被列入停用词列表中，不会进入词频分析的语料库中。研究者还可以根据研究材料的情况将部分词列入停用词列表中。停用词的选择主要是根据上下文语义。如果一个词的含义没有体现出办学定位思想，则将其添加到停用词列表中并对文本再次进行词频分析，如此多次增加停用词和进行词频分析之后得到最终的词频分析结果。笔者通过详细对比词在文本中的语义，将中美两国工学院系使命宣言文本中的 goal、institution、program、provide、engage、develop、experience、focus、commit、create、build、improve、achieve、university、people、value、area、person、seek、discipline、core、enhance、promote、graduates、order、efforts、focus、field、make、information、aeronautic、aeronautics、aerospace 等添加到停用词列表中。这些停用词的词义一般不能体现教育思想。比如，在美国工学院办学定位的表述中多次采用 create 一词，但该词更多的是建立、创建的意思，而非创新的意思，因此把 create 添加到 Nvivo 10.0 的停用词列表中，不将其作为词频分析的对象。但是，creative 在美国工学院使命宣言文本中主要是指创造性，因此将其保留在词频分析条目中。在中国工科院系的使命宣言文本中，通常对所在具体领域（例如航空航天）有很多表述，故将所涉及的专有学科名词如 aeronautic、aeronautics、aerospace 等也列入停用词列表。

第二，相似词的处理。词频分析中的单词包括相似词。在进行词频分析时，Nvivo 10.0 将词根相同的英文单词判定为相似词。例如，Nvivo 10.0 将 engineer 和 engine、engineered、engineering、engineers 等视作相似词进行计数。在此基础上，本书根据中美工学院系使命宣言文本的上下语义判断是否词义相似。Nvivo 10.0 识别为相似词但上下文语义不相似的词，也添加到停用词列表中。例如 engine（引擎）一词，Nvivo 10.0 将其与 engineers（工程师）、engineering（工程）等作为相似词，但实际上其意义有较大的区别。communicate（交流）与 community（共同体）的含义也有较大差异。engine 和 communicate 在中美工学院系使命宣言文本中出现的次数都为 1 次，未添加到高频词名单，因此将这两个词语添加到停用词列表。

第三，高频词的处理。本书在 Nvivo 10.0 的词频分析中首先不限制显示字词的数量。根据初步分析的结果，选择加权百分比在 0.36%以上（含 0.36%）的英文单词显示并计入高频词列表和词语云中。词频分析表明，中美工学院系使命宣言文本中词频加权百分比在 0.36%以下的词语数量较为庞大。因此，本书以 0.36%为临界点选择高频词。同时，对每一个高频词进行上下文的语义分析，并经过一定的文本修改，确认其反映了一定的教育思想。在处理过程中尽量不对原始文本做出修改，必须修改时也确保不更改文本的含义。比如，engineering 一词在中国工科院系的使命宣言文本中多次出现在院系名称中（例如 school of engineering），并没有反映出院系的使命、愿景等。为此，将其使命宣言文本中含有 engineering 的院系名称统一更改为 the school，其余的

engineering 经语义分析之后保留下来。由于英文单词 the 和 school 都已经在停用词列表中，这种修改不会增加新的高频词，从而使高频词分析在语义和办学定位判定上更加精确。

简言之，文本语义对比和词频分析交替进行，重复多次，最后得到词频分析汇总表和词语云图。

4.2 词频分析结果

研究获得了以下结果，如表 4-1、表 4-2 和图 4-1 所示。[①]

对于表 4-1、表 4-2 和图 4-1 有以下说明。

第一，加权百分比是指 Nvivo 10.0 从分析文本中去掉停用词以后，该单词出现的百分比。相似词是指这些词汇都作为同一个词计算词频。以表 4-2 中排序第 1 位的“工程或工程师”为例，在去掉 a、about、the 等系统自带的停用词以及笔者确定的 goal、institution 等停用词以后，词根相同的 engineering、engineers 等在本书所研究的 30 所美国工学院的使命、愿景、战略目标、核心价值观中出现的频率是每 100 个单词中出现 2.98 次。

第二，同一组相似词中，有且仅有一个词语作为代表性单词出现在词语云图中。

第三，在同一个词语云图中，字体越大、位置越靠近图形的中心，表明词频越高。字体大小和位置远近的比较只在同一个词语云图中有意义。在不同的词语云图中，字体大小和位置远近并无比较意义。比如图 4-1 中图左的词语云图中 research 一词比图右 engineering 一词字体更大，并不代表图左的 research 一词加权百分比高于图右的 engineering 一词。

① 本书美国工学院使命宣言话语分析的部分，已经发表在《高等工程教育研究》上。参见曾开富等（2016）。

表 4-1　中国工科院系使命宣言文本的词频分析汇总

排序	中文含义	加权百分比（%）	对应单词及相似词
1	研究或研究者	2.70	research、researchers
2	工程或工程师	2.14	engineering、engineers
3	教育	1.39	educate、educated、educating、education、educational、educators'
4	创新	1.23	innovation、innovations、innovative、innovativeness
4	技术	1.23	technological、technologies、technology
6	国家或全国	1.07	nation、national、nationally
7	世界	1.03	world
8	一流	0.95	class
9	人才	0.87	talent、talented、talents
10	学生	0.83	cultivate、cultivates、cultivating、cultivation
10	培养	0.83	student、students、students'
12	高水平的	0.79	high、highly
12	科学	0.79	science
14	新的	0.75	new
14	科学的	0.75	scientific、scientifically
16	水平、层次	0.71	level、levels
17	中国	0.63	China
17	产业	0.63	industrial、industrialization、industries、industry
19	建设	0.56	construct、construction
19	教师	0.56	faculties、faculty
21	学科	0.52	discipline、disciplines
22	质量	0.48	qualities、quality
22	教学	0.48	teaching
24	学术	0.44	academic
24	一流的	0.44	first
24	国际的	0.44	international、internationally
24	培训	0.44	train、training
28	先进的	0.40	advance、advanced、advancement、advancing
28	基础的	0.40	fundament、fundamental、fundamentality
28	领先的	0.40	lead、leading

续表

排序	中文含义	加权百分比（%）	对应单词及相似词
28	实践	0.40	practical、practicality、practice、practiced、practices、practicing
28	社会	0.40	society
28	精神	0.40	spirit
34	要求	0.36	demand、demanded、demands
34	未来	0.36	future
34	需求	0.36	need、needed、needs

表 4-2 美国工学院使命宣言文本的词频分析汇总

排序	中文含义	加权百分比（%）	对应单词及相似词
1	工程或工程师	2.98	engineering、engineers
2	研究或研究者	2.56	research、researchers
3	教育	2.04	educate、educated、educates、education、educational
4	学生	1.87	student、students、students'
5	领导者	1.71	leader、leaders
6	创新	1.42	innovate、innovation、innovations、innovative、innovators
7	全球	1.26	global、globally
8	技术	1.22	technological、technologically、technologies、technology
9	世界	1.14	world
10	国家或全国	1.02	nation、national、nationally
11	卓越	0.94	excel、excellence
12	领导力	0.90	leadership
13	多元化	0.81	diverse、diversity
13	教师	0.81	faculty
13	知识	0.81	knowledge
16	质量	0.77	qualities、quality
16	社会	0.77	society
18	共同体	0.69	community
18	影响力	0.69	impact、impactful
20	挑战	0.57	challenge、challenges

续表

排序	中文含义	加权百分比（%）	对应单词及相似词
20	学术	0.57	learning
20	问题	0.57	problem、problems
23	生活	0.53	practical、practice、practices
23	实践	0.53	life
23	服务	0.53	service
26	合作	0.49	collaborate、collaboration、collaborations、collaborative、collaboratively
26	发现	0.49	recognize、recognized、recognizes、recognizing
26	融合	0.49	discoveries、discovery
26	公认的	0.49	integral、integrated、integrating、integration、integrity
26	科学	0.49	science、sciences
31	造就	0.45	produce、producer、produces、producing
31	创造性的	0.45	creative、creatively、creativity
31	环境	0.45	environment、environments
31	员工	0.45	staff
35	机遇	0.41	opportunities、opportunity
35	教学	0.41	teach、teaching
37	尊重	0.37	respect、respected、respectful、respects
37	解决方法	0.37	solution、solutions
37	经济的	0.37	economic
37	跨学科的	0.37	interdisciplinary
37	新的	0.37	new

词频分析显示，中美工学院系的使命宣言有以下两个相似特征。

第一，强调大学的基本功能。工学院系的办学定位等主要从人才培养、科学研究、社会服务等传统的大学功能来表述（曾开富 等，2016）。

第二，以工程为本。工程教育是工学院的核心使命之一，传统的科学、技术、工程和数学（STEM）仍然是工学院的根本。除了数学未进入词频分析的前 40 位之外，工程、技术和科学都在中美工学院系的使命、愿景、战略目标和核心价值观中被强调（曾开富 等，2016）。

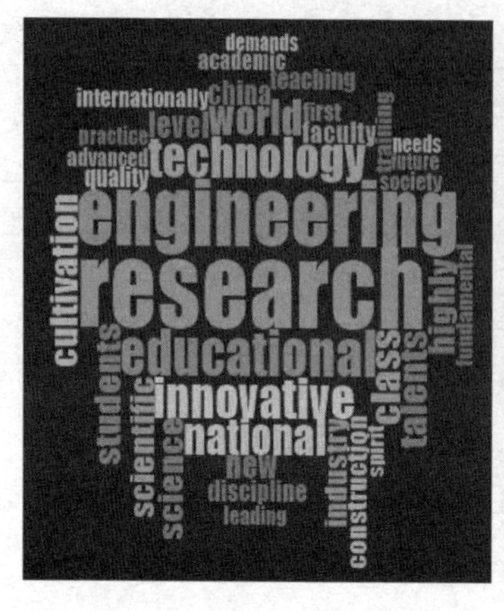

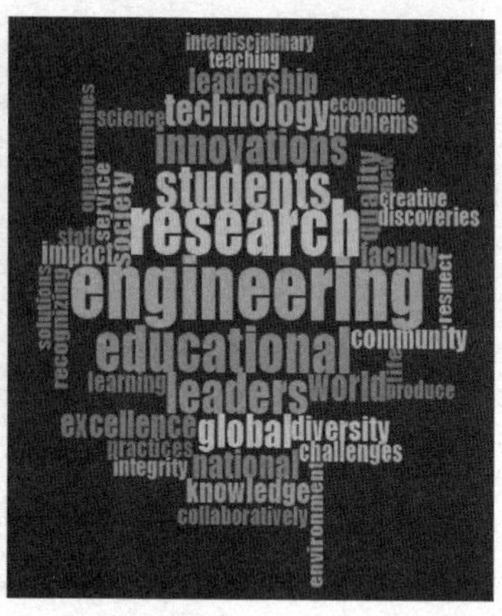

图 4-1 中美工学院系使命宣言文本词语云图比较（图左为中国，图右为美国）

4.3 中美工学院系改革目标的比较

从高频词的排序和加权百分比可以看到，加权百分比在 1%以上的美国工学院使命宣言文本高频词为 10 个，其与中国工科院系使命宣言文本对应高频词对比如表 4-3 所示。

表 4-3 中美工学院系高频词对比

美国工学院高频词（排序，加权百分比）	对应中国工科院系高频词（排序，加权百分比）
工程或工程师（1，2.98%）	工程或工程师（2，2.14%）
研究或研究者（2，2.56%）	研究或研究者（1，2.70%）
教育（3，2.04%）	教育（3，1.39%）
学生（4，1.87%）	学生（10，0.83%）
领导者（5，1.71%）	—
创新（6，1.42%）	创新（4，1.23%）
全球（7，1.26%）	—
技术（8，1.22%）	技术（4，1.23%）
世界（9，1.14%）	世界（7，1.03%）
国家或全国（10，1.02%）	国家或全国（6，1.07%）

注：—代表对应的词未进入词频分析汇总表中，即该词的加权百分比在临界点 0.36%以下，后表亦如此。

通过词语云图、词频分析汇总表和高频词对比表可以发现，中美工学院系使命宣言主题词（关键词）的用词在总体上相似度比较高。从高频词对比表中可以看到，领导者在美国本科工程教育界很受重视，但是在中国工科院系中并不常提及。

根据批判话语分析理论，相似的词不一定具有相似的社会意义。根据词频分析结果，本书提炼出以下 3 组具有中美比较意义的主题词（关键词），分析如下文所示。

4.3.1　创新与创业

创新与创业的相关词词频分析如表 4-4 所示。

表 4-4　创新与创业的相关词词频分析

中文含义	对应单词及相似词	美国工学院（排序，加权百分比）	中国工科院系（排序，加权百分比）
创新	innovate、innovation、innovations、innovative、innovators、innovativeness	6，1.42%	4，1.23%
创造性的	creative、creatively、creativity	31，0.45%	—

注：对应单词及相似词为美国工学院与中国工科院系使命宣言涉及的全部单词，后表亦是如此。

“创新”和“创造性的”在美国工学院的使命宣言[①]中极为常见。加州大学圣迭戈分校工学院的三大使命之一是发展前沿研究，推进创新。俄亥俄州立大学工学院提出，要做工程与建筑教育的创新引领者。得克萨斯大学奥斯汀分校工学院提出其愿景之一是发展成为全球公认的创新引领者。加州大学伯克利分校工学院提出要担当全球的创新枢纽。卡内基梅隆大学工学院提出其愿景之一是确保其创新水平居于全球前列。麻省理工学院的工学院提出，工学院的首要战略行动是推动创新（曾开富 等，2016）。

① 本章使命宣言的数据来源为各工学院官方网站。美国工学院的数据读取时间为 2015 年 11 月 1 日至 12 月 30 日，中国工科院系的数据读取时间为 2017 年 9 月 1 日至 9 月 15 日。

在美国工学院看来，创新是一种创业、一种转变和一种行动。弗吉尼亚联邦大学工学院提出，创新意味着一种积极的变化，创新既发生在市场活动中，也发生在公共服务活动中。佐治亚理工学院的工学院认为，创新是把理念和思想转换成为行动并改善人类生活的一个过程。大学校园不乏思想，但是缺乏把思想转换为创新成果的能力。因此，佐治亚理工学院的工学院认为现代大学要努力克服这一弊端。进而，佐治亚理工学院要求其工程教育毕业生具备创新、创业和公共责任意识等基本素质。弗吉尼亚大学工学院指出，工程教育要培养学生的创造力，教会学生把思想转化为商业成果。卡内基梅隆大学工学院提出，创新的目的在于增加人类共同体的智识能力、经济活力。圣母大学工学院认为，创新即产生改善人类生存与生活质量的新方法、新材料、新设备、新要素、新体系等。因此，圣母大学工学院强调知识转移和技术转化。霍华德大学工学院提出，要培养学生把握机遇、创造价值的能力，教会学生将机遇资本化。从上述话语方式可以发现，美国工学院的“创新”概念在很大程度上是从创业角度来表述的。虽然“创业”并没有进入美国工学院高频词汇总表中，但创业思想在美国工学院的办学定位中占有重要地位（曾开富 等，2016）。

以工程教育和创业思想闻名的两所老牌研究型大学——麻省理工学院和斯坦福大学，它们提及创新创业时的话语方式有很大相似之处。作为两所顶尖的研究型大学的工学院，其在校友获得诺贝尔奖、教师队伍拥有拔尖人才和发表高水平论文等方面都有出色的成绩，但是两所工学院的使命宣言并未提及这些成绩。2013 年，麻省理工学院发起了创新行动。麻省理工学院的工学院在介绍创新行动时的话语方式具有鲜明的创业特征：“自 1861 年麻省理工学院建校以来，我们的工程师为人类提供新思想、新产品、新服务和新技术。2009 年的一项研究表明，当时在世的麻省理工学院校友共有 12.5 万余人，由校友创建的企业多达 2.6 万余家、提供就业岗位 330 万个、年销售收入 2 万亿美元以上。”斯坦福大学工学院在其主页中也把创新与创业相联系。斯坦福大学于 2012 年发布了题为《影响力：斯坦福大学创新创业活动的经济影响》（*Impact: Stanford University's Economic Impact via Innovation and Entrepreneurship*）的报告。该报告一开篇也是介绍斯坦福大学的创业成就，其话语方式同麻省理工学院的工学院极其相似："据 2011 年的研究，共有 3.99 万家现存企业起源于斯坦福大学。这些企业共创造就业岗位 540 万个以上、年收入超过 2.7 万亿美元。如果把这些企业组成一个国家参与全球经济规模排名，将位列全球前十位。"从斯坦福大学和麻省理工学院的话语方式可以看出，美国工学院更多的是从经济贡献方面来衡量其创新创业成就的（曾开富 等，2016）。

那么，创业（entrepreneurship）的概念内涵是什么呢？普林斯顿大学的创业报告对创业做了清晰的定义，认为创业是通过风险性的行动和价值创造来促成转变发生的。与商业化研究相比，创业的内涵和外延更广；与思考新事物相比，创业的内涵和外延更窄。创业与发明、激情、创造、工业合作、专利授权等密切相关，但又有所区别。因此，与创新相比，创业更着重强调冒险的精神与变革的激情等（曾开富 等，2016）。

创新是中国高校、学术界和整个社会的一个热词。检索知网 CSSCI 期刊可以发现，世纪之交的 20 年里，题目含"创新"的 CSSCI 论文从 1998 年的 600 余篇增长到 2016 年的 5500 余篇，提及"创新"的论文从 1998 年的 1.4 万篇增长到 2016 年的 6.1 万篇。对 2016 年的 CSSCI 论文进行统计可以发现：题目含"创新"的 CSSCI 论文共计 5564 篇，占当年 135484 篇 CSSCI 论文的 4%以上；全文谈及"创新"的 CSSCI 论文共计 61322 篇，占当年 135484 篇 CSSCI 论文的 45%以上。对中国高等教育期刊文献总库进行检索，2016 年的核心期刊论文中：题目含"创新"的论文共计 1654 篇，占当年 28092 篇核心期刊论文的 5.9%；全文谈及"创新"的论文共计 17023 篇，占当年 28092 篇核心期刊论文的 60%以上。而对 2016 年的英文论文进行检索可以发现，EBSCO 数据库中全文含"创新"的论文占所有 EBSCO 论文的 1.08%，ERIC 数据库中全文含"创新"的论文占所有 ERIC 论文的 4.11%。这里的"创新"在检索时用 innovate 和 innovation 两个词为检索词进行全文检索。以上检索的执行时间都是 2017 年底。可见，中英文文献中，“创新”一词的使用频率差异很大。虽然英语国家数量众多，但可以确定的是，美国使用“创新”一词的频率远不及中国。

从中国工科院系的话语方式来看，“创新”一词主要用于表述人才类型和科研进展。例如，在清华大学 106 周年校庆的校长致辞中，重点谈及创新：“更创新的清华，全心培养拔尖创新人才，努力创造高水平的研究成果。”（清华大学，2017）致辞从大类培养、专业整合、通识教育、博士生招生改革等方面介绍拔尖创新人才培养举措；从科研体制改革等方面介绍科研创新的情况。在其他被调研的中国高校中，从学校层面到院系层面，“创新”一词的话语方式基本同清华大学 106 周年校庆的校长致辞类似。需要指出的是，上述话语方式一般出现在中国工科院系的中文网站主页中。在中国工科院系的英文网站主页中，“创新”一词虽然用得很多，但很少对词语的内涵和外延等做出阐释。

中国工科院系使用“创新”一词，是同中国建设创新型国家的政策导向相联系的。1997 年底，中国科学院向党中央提交了题为《迎接知识经济时代，建设国家创新体系》的报告，建议加强创新型国家建设。该报告提出，国家创新体系包括知识创新系统、技术创新系统、知识传播系统和知识应用系统。1998 年，国务院决定启动知识创新工程。2002 年，中国共产党第十六次全国代表大会报告以两段话的篇幅系统阐述了创新，并且把创新理论作为“三个代表”重要思想的重要部分。2006 年，《国家中长期科学和技术发展规划纲要（2006—2020 年）》明确提出建设创新型国家的目标。此后，创新型国家建设的内容均被写入中国共产党的第十七次、十八次、十九次全国代表大会报告。基于上述背景，中国已经是全民谈“创新”，而且在制度、技术等各个领域全面引入了创新的概念。创新上升为国家政策是从中国科学院开始的，因此，中国高校的创新更多地同知识、科技创新相联系。

通过上述对比可以看出，“创新”是中美工学院系共同的热词。但是，从话语方式来看，中美工学院系这一热词各自的意蕴是完全不同的。美国工学院的创新概念是一个经济学概念，中国工科院系的创新概念所蕴含的经济学味道要淡很多。

4.3.2　领导与一流

英文单词leader翻译成中文为领导者。在美国工学院的话语方式中，leader有两种用法：一种是表述人才培养目标，另一种是表述办学地位。领导与一流等的相关词词频分析如表4-5所示。

表4-5　领导与一流等的相关词词频分析

中文含义	对应单词及相似词	美国工学院（排序，加权百分比）	中国工科院系（排序，加权百分比）
领导者	leader、leaders	5，1.71%	—
领导力	leadership	12，0.90%	—
影响力	impact、impactful	18，0.69%	—
一流	class	—	8，0.95%
高水平的	high、highly	—	12，0.79%
水平、层次	level、levels	—	16，0.71%
一流的	first	—	24，0.44%
领先的	lead、leading	—	28，0.40%

4.3.2.1　表述人才培养目标

关于人才培养目标，美国工学院强调培养未来的工程领导者或工程领导力，由此形成了美国本科工程教育的领导力教育思想。在中国工科院系的使命宣言表述中，较少提及领导力。

除了伊利诺伊州立大学、圣母大学、哈维穆德学院、欧林工学院4所美国大学的工学院之外，其余26所美国大学的工学院在其使命宣言中明确地强调“领导者”或“领导力”。很多美国工学院在表述使命、愿景、战略目标时，不是一般性地将其表述为“培养人才”。例如，麻省理工学院、斯坦福大学、加州大学伯克利分校、弗吉尼亚大学、威斯康星大学麦迪逊分校、华盛顿大学、佛罗里达大学等多所大学的工学院在表述办学使命或人才培养目标时，明确提出“培养领导者”；麻省理工学院的工学院提出其办学使命是“培养下一代工程领导者，创造新知和服务社会”；杜克大学工学院将其教育目标确定为“培养善于用知识服务21世纪的领导者和创新者”；加州大学圣迭戈分校、加州大学圣芭芭拉分校、佐治亚理工学院、弗吉尼亚联邦大学的工学院提出培养“未来领导者”“明日领导者”“下一代领导者”等目标；得克萨斯大学奥斯汀分校工学院在办学使命的表述中提出要培养“未来的工程领导者”；维拉诺瓦大学工学院提出要将学生培养成为道德与伦理领导者（曾开富 等，2016）。

在话语方式上，多数美国工学院都通过定语、从句等方式来描述领导者和领导力的内涵。例如，佐治亚理工学院的工学院提出，“未来领导者”必须能够适应工程行业的工作要求，更重要的是能够承担领导责任。加州大学伯克利分校的工学院提出，领导者应该同时具备创业能力和领导能力。得克萨斯大学奥斯汀分校工学院认为，“未来工程领导者”的特质是思维富有创造力、善于合作、具备拓宽技术边界的能力。弗吉尼亚大学、杜克大学、威斯康星大学麦迪逊分校的工学院强调领导力与奉献精神的结合，认为领导力产生于服务与奉献的过程。普林斯顿大学和斯坦福大学的工学院则认为，培养领导者与解决社会问题是二位一体的（曾开富 等，2016）。

在被调研的45个中国工科院系中，明确提出培养领导者的有2个院系。清华大学电机工程系“未来一个时期的战略计划将主要聚焦于培养未来领导者”；北京大学工学院提出其三大使命之一是作为“培养未来工程领导者、工程创业者的摇篮”。3个中国工科院系明确提出培养学生的领导力。北京大学航空航天系提出，“本系的主要目标是培养学生，使之在未来取得成就并具备领导力”；天津大学机械工程学院提出教育哲学之一是“培养学生的爱国主义、领导力、创新意识”；华东理工大学机械与动力工程学院提出，实施“全面工程教育”，培养学生的领导力。通过对比可以看出，领导力这一本科工程教育思想在当前中国工科院系的教育哲学里远不及美国工学院那样普及。

就话语方式而言，中文语境下的“领导人”“领导”一般对应科层体系的上层管理者或管理行为，是同权力相关联的。比如，在百度百科词条中，“领导者”被解释为“正式的社会组织中经合法途径被任用而担任一定领导职务、履行特定领导职能、掌握一定权力、肩负某种领导责任的个人和集体”；“领导人”被解释为“在一个国家或集体中居于领导地位的人物”；“领导”被解释为“领导者为实现组织的目标而运用权力向其下属施加影响力的一种行为或行为过程”（曾开富 等，2016）。这种含义的 leadership 也广泛应用于英文语境中，例如麻省理工学院官方网站有“Leadership”一栏，用于介绍校长、副校长等学校治理结构和治理要素。在中文语境中，leadership 被认为是精英阶层的特征，在美国语境中也有这种认识。1995 年，在讨论美国本科工程教育改革的必要性时，时任美国工程院院长 Augustine 正是从类似中文语境的“领导”角度切入的。Augustine 指出，1995 年没有任何一位参议员具有工程背景，在 435 位众议员中只有 5 人有工程背景，在 50 位州长中只有 3 人有工程学位。

那么，中美语境下的“领导”与 lead、leader、leadership 在话语方式上的差异是什么呢？通过比较可以发现，最大的差异在于美国语境下的 lead、leader、leadership 还有引领、榜样的含义，语义要比中文语境更丰富。美国工学院所谓的 lead 是指引领或以积极的方式吸引他人跟随，与 lead 相对的是 follow（跟随）。lead 更强调一种平等的互动行为。所以，英文语境中的领导行为之所以产生，并不是因为其具有中文语境中的“领导地位”，而是因为其思想、行为、影响力等各种因素激励他人或其他组织跟随。“领导”在美国工学院意味着一种积极的变化，唯有积极的变化才会吸引跟随者。从词丛来看，美国工学院的 lead、leader、leadership 一般可以被名词或形容词修饰，比如道德与伦理领导者、明日领导者、工程领导力等。中文语境下的“领导”在作为名词时一般是同权力结构中的层级相对应，比如“党和国家领导人”“校领导”“院领导”等。二者极其重要的一个区别是，美国工学院发展出领导力教育思想，而中国工科院系鲜有这一教育思想。

4.3.2.2 表述办学地位

关于办学目标，几乎所有的研究型大学工学院都将自身发展愿景等定位为美国或全球的工程教育领导者，其他非研究型大学的工学院也特别注重自身引领地位的培养。

一部分美国工学院明确其定位为国内引领者。例如，佐治亚理工学院的工学院战略规划着眼于卓越和引领，其办学目标是发展成为美国工学院前 3 强。亚利桑那大学工学院将办学目标确定为美国公立工程教育机构的前 10 强、技术创新的全球引领者。马里兰大学帕克分校的工学院要求每一个学术项目和每一个研究中心的学术地位都居于国际国内前列。得克萨斯大学埃尔帕索分校工学院提出，要在若干领域具有全国领导地位。俄亥俄州立大学工学院将其办学愿景表述为“工程与建筑教育的公立大学引领者”，在其战略规划中则明确了应具有全国引领地位的若干个领域（曾开富 等，2016）。

还有一部分美国工学院强调其定位为全球引领者。加州大学圣迭戈分校工学院的办学目标也确定为在若干领域担当教育与研究的引领者。卡内基梅隆大学的工学院提出，要充当解决全球性问题的贡献者、专业领域内关键议题的思想领袖。德州农工大学工学院也提出其愿景是成为工程与技术教育的全球引领者。华盛顿大学工学院提出其发展愿景是“工程教育、发现和创新活动的全球引领者”。与领导力具有相似内涵的表述是影响力。比如，普渡大学工学院提出实施“影响力战略”——以动手实践型的工程教育为特色，发展成为工程教育创新的全球引领者（曾开富 等，2016）。

就被调研的 45 个中国工科院系而言，有 3 个工科院系的 lead、leader 及其相似词的使命宣言文本中含义指向办学目标的引领性，且话语方式基本一致。清华大学电机工程系、北京大学航空航天系、上海交通大学航空航天学院提出，要担当本领域的引领角色。

就办学目标的表述而言，中国工科院系更多采用一流（尤其是世界一流）、高水平等表述。北京航空航天大学计算机学院、北京理工大学信息与电子学院、上海交通大学航空航天学院、南京大学电子科学与工程学院、天津大学环境科学与工程学院、西北工业大学计算机学院、西南交通大学机械工程学院等提出，要建设本领域内一流的学院。北京大学工学院、北京大学能源与资源工程系、上海交通大学电子信息与电气工程学院、上海交通大学材料科学与工程学院、浙江大学材料科学与工程学院、南京大学现代工程与应用科学学院、哈尔滨工业大学机电工程学院、西安交通大学电子与信息工程学院、华中科技大学机械科学与工程学院等在办学定位表述中明确为发展成为世界一流的研究中心、学院、平台等。华中科技大学机械科学与工程学院提出要办一流的本科教育，西北工业大学航空学院提出要打造一流的教学与科研团队。

另有一部分中国工科院系更习惯使用“高水平”“高层次”等词丛。清华大学信息科学技术学院提出办领先水平的教育和顶尖水平的信息技术学院。北京理工大学信息与电子学院提出要建设高水平的学科。北京理工大学计算机科学与技术学院提出要达到国际最卓越的标准。上海交通大学航空航天学院提出培养高水平的航空专业人才。南开大学计算机与控制工程学院提出建设高水平的教育，培养高层次创新人才。天津大学机械工程学院提出要培养高层次创新人才。西北工业大学航空学院提出，要建设高水平的教师队伍和高水平的硬件环境、科研环境。西南交通大学机械工程学院、西安电子科技大学机电工程学院都提出要建设高水平的学院。

总体来看，在被调研的 45 个中国工科院系中，半数以上的院系在办学定位表述中使用了“一流”或“高水平”等词。为什么中国工科院系在确立办学目标时更多采用“一流”或“高水平”，而非“领导者”或“引领者”？通过阅读文献发现，“世界一流大学”的概念，较早出现于清华大学。1985 年，清华大学第七次党代会明确提出，“把清华大学逐步建设成为世界第一流的、具有中国特色的社会主义大学”

(顾秉林、胡和平，2011)。20世纪90年代，上海交通大学、北京大学等先后明确提出建设“世界一流大学”的目标。1998年5月4日，江泽民同志在北京大学百年校庆讲话时提出“为了实现现代化，我国要有若干所具有世界先进水平的一流大学”(江泽民，1998)。为落实江泽民同志讲话精神，我国启动了“985工程”。进入“985工程”整体建设的39所高校一般将自身办学定位设定为“世界一流大学”。《国家中长期教育改革和发展规划纲要(2010—2020年)》提出，“加快创建世界一流大学和高水平大学的步伐”(国家中长期教育改革和发展规划纲要工作小组办公室，2010)。除了“985高校”以外，很多高校定位为建设高水平大学。因此，1998年以后，“世界一流大学”和“高水平大学”成为整个中国高等教育界的热词。

4.3.3 全球挑战与国家需求

全球挑战与国家需求的相关词词频分析如表4-6所示。

表4-6 全球挑战与国家需求的相关词词频分析

中文含义	对应单词及相似词	美国工学院(排序，加权百分比)	中国工科院系(排序，加权百分比)
多元化	diverse、diversity	13，0.81%	—
共同体	community	18，0.69%	—
挑战	challenge、challenges	20，0.57%	—
问题	problem、problems	20，0.57%	—
服务	service	23，0.53%	—
合作	collaborate、collaboration、collaborations、collaborative、collaboratively	26，0.49%	—
跨学科的	interdisciplinary	37，0.37%	—
要求	demand、demanded、demands	—	34，0.36%
需求	need、needed、needs	—	34，0.36%
全球	global、globally	7，1.26%	—
世界	world	9，1.14%	7，1.03%
国际的	international、internationally	—	24，0.44%

续表

中文含义	对应单词及相似词	美国工学院（排序，加权百分比）	中国工科院系（排序，加权百分比）
国家或全国	nation、national、nationally	10，1.02%	6，1.07%
中国	China	—	17，0.63%

2004年，“2020工程师”报告提出，美国本科工程教育要面向全球大挑战。2008年，美国工程院组织参与撰写“2020工程师”报告的部分专家进一步提出了未来的14项重大工程挑战，具体包括太阳能、核聚变能源、碳封存、氮循环、饮用水、城市基础设施、健康信息学、药物工程学、大脑工程学、核攻击的预防、网络空间、虚拟现实技术、个性化学习、科研工具的开发等。在美国科技界、工程界和教育界看来，这14项重大工程挑战是人类共同体面临的重大工程问题。在人类历史上，传统的工程成就表现为新设备的发明，如飞机、汽车、激光等。未来的工程成就将表现为有效解决复杂社会问题的一个系统（曾开富 等，2016）。14项重大工程挑战的提出，意味着“全球大挑战”（Global Grand Challenges，GGC）从一个宽泛的理念转换成为一种具体的、可操作的战略和政策，从一个抽象的、小写的名词转化为一个具体的、大写的专有名词。

本书所研究的30所美国大学的工学院几乎都在其使命、愿景、战略目标中强调全球大挑战。佐治亚理工学院的工学院提出，美国工学院相辅相成的两大追求、工学院的最高理想是培养未来工程师和解决人类共同体面临的重大挑战。加州大学伯克利分校的工学院提出，以技术与科学创新去解决全球性大挑战，是工学院前所未有的机遇。杜克大学工学院把科学研究活动的目标确定为“开展前沿研究，实现基础性的发现，并将其应用于解决时代面临的重大挑战”（曾开富 等，2016）。

在很多美国工学院中，全球大挑战已经成为组织其教学、科研活动的基本脉络。换言之，除了按照传统的学科（或课程、专业等）来组织教学科研活动和调配相应资源之外，美国工学院同时也按照14项重大工程挑战来重组其组织。其中最重要的一项是建设多元化、跨学科的学术共同体。俄亥俄州立大学工学院提出，要重点面向全球大挑战来构建师资队伍。佐治亚理工学院的工学院认为，应对全球大挑战需要科学家、数学家、经济学家和工程师等多学科团队发挥力量。因此，佐治亚理工学院的工学院需要创建一个多元化的学者共同体。根据佐治亚理工学院的工学院战略规划，以合作为核心的跨学科组织具有重要的地位："跨学科中心已经成为一流工学院的显著特征，但跨学科中心归根结底依赖于教师。因此要创造条件让教师更多地参与合作，在合作活动中产生和孕育出新的跨学科中心。"20世纪后半期，麻省理工学院先后建设60余个跨学科中心。截至2014年底，麻省理工学院拥有或者管理的跨学科研究机构有57个（曾开富、王孙禺，2015）[85]。在比较成熟的跨学科研究基础上，麻省理工学院开发出大量的跨学科课程。研究表明，2012年，麻省理工学院全校的跨学科课程已占课程总数的32%以上（周慧颖、郄海霞，2014）。在斯坦福大学、加州大学伯克利分校等院校中，跨学科研究与教学的改革也在如火如荼地开展（曾开富 等，2016）。

从另外一个视角来看，所谓的全球大挑战很大程度上反映了美国工学院的一种全球视野。全球化意识、全球化视野作为美国高等教育的一种基本哲学，已经全面、深入地渗透到美国高等教育的"血液"之中。美国本科工程教育要培养的，不仅是区域共同体的领导者，而且是全球领导者；美国工学院所关注的问题，不仅是区域性问题，还是全球大挑战、工程领域的基本问题。同时，美国工学院非常强调自身的全球领导者地位。显然，全球视野、全球思维是领导者的一个基本素养。不具备这种素养的领导者放在全球背景中很可能仅仅是追随者。基于上述原因，"全球"和"世界"两个词是本书所研究的30所美国大学的工学院办学定位的高频词。从中英文含义和上下文语境来看，这两个词的词频统计是可以加和的。加和以后，体现全球化意识的这两个词将进入办学定位词频排名的前3位，仅次于"工程或工程师"和"研究或研究者”两个词。

在被调研的45个中国工科院系中，没有院系直接使用“全球大挑战”这一词组来表述其办学定位。有2个院系在办学定位中提出了与美国全球大挑战相类似的说法。清华大学信息科学技术学院提出，其办学目标包括“应对全球科技创新活动面临的挑战”。南京大学现代工程与应用科学学院提出，“要培养学生和学者的全球视野与全球竞争力，确保他们在日益全球化的时代能够应对挑战和把握机遇”。

相对而言，中国工科院系更多地在办学定位中使用词组“国家需求”。清华大学信息科学技术学院提出“为国家经济发展做出贡献”。西安电子科技大学空间科学与技术学院提出，“以研究成果和人才培养服务于国家发展”。类似地，北京航空航天大学航空科学与工程学院、北京航空航天大学计算机学院、北京大学航空航天系、北京大学资源与能源工程系、南京大学电子科学与工程学院、山东大学机械工程学院、西北工业大学航空学院、西北工业大学计算机学院等均在其使命宣言中提出要在本领域服务国家、满足国家需求。

结合前文的研究可以看到，中国工科院系的全球视野主要表现为在整体办学实力方面争创世界一流。但是，在以人类共同体所面临的重大挑战为办学导向方面，中国工科院系还没有表现出足够的自觉性和主动性。

4.3.4 对研究与工程两个基本概念的理解

研究和工程是工程教育的两个基本概念。怎样理解工程？怎样理解大学的研究活动？对于这两个问题的回答在很大程度上决定了办什么样的工程教育。research和engineering都是中美工学院系的热词，中国工科院系的第一高频词为research、第二高频词为engineering，美国工学院的第一高频词为engineering、第二高频词为research。中美两国关于research、engineering的理解有无不同？

首先看对于“research”（研究）的表述。本书所研究的30所美国大学的工学院中有20所明确地使用了“research”一词。那么，美国工学院用哪些词语来限定或阐述其“研究”呢？在使命宣言文本中，美国工学院比较普遍地提到多学科研究、跨学科研究，比如普渡大学、卡内基梅隆大学等。除此之外，美国工学院在谈及研究时并不雷同。加州大学伯克利分校工学院提出办学使命之一是“通过原创性的研究来深化和扩展知识”。卡内基梅隆大学工学院在其办学使命中提出“为全球挑战研究开创性的解决办法”，在战略目标中则提出“推进有意义的研究”“增强跨学科研究”等说法。杜克大学工学院提出，核心研究目标是“推进前沿研究”，并且解释所谓前沿研究是指“将基础性发现用于解决当今时代面临的重大挑战”的那一类研究。类似地，加州大学圣迭戈分校也提到前沿研究。圣母大学工学院在阐述使命和愿景时指出，“要在核心领域开展转化研究……将研究成果尽可能地转化为商业成果”。普渡大学工学院提出其三大战略目标之一是“开展具有全球意义的研究”。斯坦福大学工学院在阐述办学使命时提出了三个关键目标，其中两处提及研究：第一个关键目标是开展好奇心驱动和问题驱动的两类研究，这两类研究将产生新知识、新发现并为未来的工程系统提供发展基础；第二个关键目标是开展世界一流的、以研究为基础的教育活动。德州农工大学工学院在战略目标中提出研究策略：其一是建立若干多学科研究机构，其二是激励全体教师逐步放弃传统的学科研究（Discipline-Based Research），针对人类面临的困境开展困境研究（Dilemma-Based Research）。困境研究的说法在中美工学院系中都不多见。

在本书调研的45个中国工科院系中，有11个在办学定位的表述中没有明确地使用“研究”一词，其余34个院系在使命宣言文本中共有68处使用“研究”一词。过去20多年来，中国高等教育的一个主要潮流是建设世界一流大学，研究型大学被广泛认为是世界一流大学的一个重要内涵。被调研的45个中国工科院系涉及24所大学，这24所大学都在学校层面提出建设研究型大学的目标，没有任何一所被调研大学提出以建设教学型、教学研究型或者研究教学型大学为发展目标。因此，相对而言，中国高校更迫切地用“研究型”来定义自身。中国工科院系在使用“研究”一词时，主要同具体的学科领域搭配。除此之外，科学研究、基础研究、前沿研究、世界一流的研究等说法也很常见。但是，与美国工学院相比，中国工科院系很少在办学定位中明确这些概念的内涵。由此形成的区别是，“研究”一词于中国工科院系的教师而言比较抽象，于美国工学院的教师而言则要相对具体一些。换言之，“研究”对于中国工科院系很重要，但是中国工科院系很少用具有院校特色的语言来回答“做什么样的研究”这一问题。

中美工学院系在使命宣言文本中如何说明和限定“工程”（engineering）呢？在中国工科院系的使命宣言文本中，除了用来表述具体的工程领域（比如化学工程、航空工程）之外，“工程”一词与其他词语搭配形成的常见词组还包括工程技术、工程研究、工程实践、工程科学、工程教育、工程行业等。这些词组在美国工学院的使命宣言文本中也比较常见。中国工科院系使命宣言文本中也有较有特色的说法。北京大学工学院将其办学使命之一表述为“培养未来工程领导者、工程创业者的摇篮”；上海交通大学航空航天学院提出“致力于中国航天事业，使上海交通大学在航空航天领域具备工程影响力”。除了以上常见词组之外，美国工学院关于“工程”一词的特色搭配包括：库珀联合学院工学院提出“本科课程聚焦于三方面的基本价值——技术与科学竞争力、理论与实践的平衡、工程活动的社会与整体意义”；麻省理工学院的工学院提出其愿景是“推进创新，发展教育，把麻省理工学院最伟大的资产——学生、教师和员工整合起来形成工程共同体”；弗吉尼亚联邦大学工学院提出其核心价值观之一是“为工程问题的解决注入创造力”。前文已经提到，在美国工学院的使命宣言文本中，最常见、最具特色的一个说法是将工程和领导者、领导力相结合。

“工程师”（engineers）一词在中美工学院系办学定位的表述中用得并不普遍。3 所美国工学院在办学定位中明确提及工程师。卡内基梅隆大学工学院提出其办学使命是“培养富有创造力的、技术过硬的工程师”。斯坦福大学工学院在办学使命的表述中也提出培养工程师，他们坚信，必须培养技术优秀、创造力强、文化感知力敏锐、创业技能丰富的工程师，这些特质将通过“斯坦福经历”获得——不断接触斯坦福大学的自由艺术、商业、医学和其他学科。华盛顿大学工学院提出其“办学使命是培养卓越工程师、发展思想，以工程师和思想改变世界”。在本书调研的45个中国工科院系的使命宣言文本中，使用“工程师”一词的包括四川大学、山东大学、华东理工大学等下属的三个学院。四川大学材料科学与工程学院表述其使命是“培养最优秀的年轻一代材料工程师和研究人员……同时为材料领域研究人员与工程师提供良好的环境”。山东大学机械工程学院提出其使命之一是“培养未来工程师”。华东理工大学机械与动力工程学院提出，学院的使命是“在动力与机械工程领域提供平衡、宽广而全面的教育。本科教育将培养机械工程师”。

通过比较可以看出，与“研究或研究者”一词的话语方式类似，中国工科院系使命宣言文本频繁使用“工程”概念，较少使用“工程师”概念，但是对于这两个概念的限定和形容并不具体。美国工学院则用很多较新颖的概念来限定和形容这两个概念。

4.4 小结：中美工学院系本科工程教育改革目标的比较

基于使命宣言语料库对中美工学院系本科工程教育改革目标进行批判话语分析，有以下发现。

第一，中美工学院系的使命宣言和本科工程教育改革目标的基本结构是一致的，二者都强调大学基本功能、传统 STEM 教育活动。但是，这种一致性并不能用高等教育的“中心—边缘”理论来阐释。这是因为，在发达国家内部，各世界一流大学也具有相似的大学基本功能和 STEM 教育活动。也就是说，这种一致性是现代国家的工学院应具备的普遍性的、基本的特征。

第二，美国工学院本科工程教育的主要改革议题是创新、领导力和应对全球大挑战，中国工科院系的主要改革议题是创新、建设世界一流大学和满足国家需求等。这些主要议题既反映出两国工学院系的人才培养目标，又反映出两国工学院系的办学定位。总体来看，两国工学院系的本科工程教育改革议题有相关性，但是其话语方式又有很大的差异性。从话语方式来看，美国工学院所谓的 innovation，更多地对应中国的“创业”一词。中国工科院系的所谓“创新”，其外延涵盖知识创新、技术创新、制度创新和人才培养模式的改革等，但重点是科学研究和拔尖创新人才培养。美国工学院的 leadership，既指培养学生的领导力，也指形成美国工学院的引领地位和影响力。中国工科院系很少用“领导”或“引领”来定位人才培养，其办学定位也更多地采用“一流”或“高水平”等词。美国工学院确立了大写的、具体的“全球大挑战”思想，而中国工科院系更看重抽象的“国家需求”。

第三，美国工学院对于改革议题以及“工程”“研究”等重要词语的阐述具有多样性，院校之间很少有重复表述。中国工科院系很少对改革议题进行定义或者解释，并且在使用改革议题的话语方式上大同小异。中国工科院系的主题词（关键词）基本同高等教育的全国性重要政策一致。

第四，从高等教育“中心—边缘”理论的视角来看，并不形成中国话语对美国话语的依附关系。从高频词出现的时间节点来分析，中国的全国性重大政策既是促使高校话语方式出现一致性的重要因素，也是中国高校避免对美国高校形成话语依附关系的重要张力。

第 5 章
美国工学院本科工程教育改革的案例研究

5.1 两所典型院校与两种工程教育模式

在美国研究委员会及美国工程院发布的关于工程教育的报告中，有105处提及和推广院校本科工程教育改革案例。按出现次数排序依次是麻省理工学院（11次）、斯坦福大学（8次）、欧林工学院（7次）、佐治亚理工学院（5次）、普渡大学（5次）。其余大学出现的次数都未超过4次。在这些大学中，麻省理工学院、斯坦福大学、佐治亚理工学院、普渡大学等都拥有美国最重要的老牌工学院。欧林工学院则是新建的、以工程（engineering）冠名的工学院。美国工程院、美国自然科学基金委员会等都把欧林工学院作为本科工程教育改革的典范。因此，本节以麻省理工学院和欧林工学院的本科工程教育改革为重点，以历史的视角和历史的方法进行文献梳理与案例研究。

5.1.1 麻省理工学院与理工模式

麻省理工学院始建于1861年，是以本科工程教育为建校根基和办学特色的一所世界名校。在科学与工程教育领域，麻省理工学院具有引领性的地位。因此，对麻省理工学院进行个案研究具有重要的意义。

梳理150余年（截至2015年）来麻省理工学院的教育史，可以发现其本科工程教育有两个重要的传统——通识教育与专业教育相结合、教学与研究相结合。换言之，麻省理工学院的本科工程教育以通识教育和科学研究为重要特色。①

5.1.1.1　包含科学与人文两大分支的通识教育

在麻省理工学院看来，通识教育（又称为自由教育或自由民教育）的意义在于培养完整的人，而这正是专业教育（包括本科工程教育）取得良好效果的前提。麻省理工学院通识教育的课程被称为全校公共必修课程（General Institute Requirements，GIRs）。麻省理工学院校长报告提出："我们相信，麻省理工学院的学生应当在科学、技术、社会科学、人文和艺术等每一个领域都具备自由教育的品质。"（Massachusetts Institute of Technology，1977）[5]

麻省理工学院校长报告曾将通识课程的教育目标总结为以下四个方面。

一是通识教育培养学生的分析能力、创造能力、洞察力和执行力。自由民能够敏锐地洞察新理念，能够通过智识活动将新理念转化为各种成果。用定性和定量的方法审慎分析、大胆创造，通识教育是一种培养自由民的智识活动。

二是通识教育培养学生自我更新智识的终身学习能力，教会学生持续学习、有效地解决新问题。

三是通识教育教会学生形成对个体、社会和文化三个层面广泛而深入的理解，教会学生更完整地理解他们所处的社会、世界和历史。

四是通识教育教给学生以知识，引导学生向榜样学习并赋予其勇气，这些都是完善个体、实现个体最高价值的基础。

麻省理工学院通识教育的内容主要是人类知识的两大分支——科学与人文。从表 5-1 中可以看到，GIRs 课程体系需要完成 17 个学科领域（Subjects）的学习，科学与人文各占半壁江山。

---

① 关于麻省理工学院的历史分析，已经形成著作和论文，且均已发表。参见曾开富、王孙禺（2015）和王孙禺等（2013）。

表 5-1 麻省理工学院 GIRs 课程体系的构成

学科领域（Subjects）	GIRs 课程体系必修门数
化学	1
物理学	2
数学	2
生物学	1
人文、艺术与社会科学	8
科学与技术限选课程	2
实验	1
总计	17

GIRs 课程体系中的自然科学部分构成科学核心课程，具体包括数学、物理学、化学和生物学等。麻省理工学院校长报告曾经总结科学核心课程的教育意义与教学目标，具体包括以下三个方面。

第一，科学核心课程提供知识和方法的一般体系，这是麻省理工学院所有学科更高层次智识活动的基础。麻省理工学院的本科工程教育是一种专业教育。科学核心课程的意义在于其是不同专业的共同智识基础。从学制上看，大学本科第一年主要修习共同的科学核心课程，从而为学生留出一年的时间了解和选择自己的专业领域。这有利于学生自主选择专业领域，更有利于学生发展出志业热情。

第二，科学核心课程提供认识世界的一般性方法。数学、物理学、化学等不同学科都以其独特的视角和方法来认识世界。科学核心课程不仅着眼于认识当前的世界，还注重认识未来的世界。

第三，科学核心课程强调高级的创造能力。例如，即使对最有天赋的学生来说，要通过麻省理工学院的物理学课程也很不容易。在教育活动中，分析解决复杂问题、将现实实践与理论框架相联系、树立分析问题的信心等，都是富有挑战性但又富有价值的。在对麻省理工学院毕业校友的长期观察中，最让他们骄傲的一个说法是："麻省理工学院教会了我怎样思考。"在培养思考能力方面，科学核心课程发挥了重要的作用。

除了科学核心课程之外，GIRs课程体系的另外一半内容是人文、艺术与社会科学课程（HASS）。人文、艺术与社会科学课程在麻省理工学院的大发展主要发生在二战以后。麻省理工学院提出，二战以来人类所面临的最困难、最复杂的问题是人与社会的问题。人类社会之所以产生了问题，不仅是因为科学与技术等不够发达，还因为科学与技术之外的智识资源不够丰富。朱利叶斯·斯特拉顿校长则指出："物理科学和社会科学从来没有像现在这样相互交织在一起。我们这个时代所面临的主要现实问题——国防问题，裁军问题，经济问题，和平政治，工业、科学与政府之间的关系等问题——都需要把技术与社会联系起来分析。科学的进步受到广阔的社会背景的影响，工程则影响着社会制度的进步。"（Massachusetts Institute of Technology，1961）[11] 1944年，美国工程教育促进学会出版了著名的报告《战后的工程教育》。该报告提议，工程院校的本科课程中至少应有20%属于人文、艺术与社会科学课程（曾开富、王孙禺，2015）。1947年，麻省理工学院令刘易斯委员会回顾和研究学校的教育状况。刘易斯委员会历时两年，于1949年完成调查报告并出版，报告被命名为"刘易斯报告"。"刘易斯报告"提出，麻省理工学院必须加强社会科学和人文学科的教育，给予其与理工学科同等的专业地位，尤其应加强本科教育阶段的人文和社会科学训练。基利安校长指出，在有着专业教育传统的麻省理工学院，应当更加强调社会责任："我们必须为教育增加一个新的要素——对社会力量的理解……专业人员要避免视野狭隘；他应该能够承担政治责任和道德责任；他应该有能力检验专业活动的社会影响。这里我所谓的专业人才不仅包括科学家、工程师，也包括律师、医生、商人等。"（曾开富、王孙禺，2016）社会责任教育通过自由教育（或通识教育）实现："如果我们要培养更广博、更富有判断力的工程师，如果我们要培养在专业领域、共同体和国家堪当领导重任的工程师，就必须这样做。我们必须建立最强的自由教育。专业教育必须放在一个更加广义的视角来理解。"（曾开富、王孙禺，2016）

通过历史回顾可以发现，麻省理工学院的科学核心课程和人文、艺术与社会科学课程有很深厚的历史根基，从而形成了成熟的教育理念。因此，以科学核心课程和人文、艺术与社会科学课程为主的 GIRs 课程体系在麻省理工学院具有极其牢固的教育地位。在美国其他理工类研究型大学中，即便不采用 GIRs 课程体系这一说法，也基本认同麻省理工学院的这一教育理念。

5.1.1.2 教学与研究相结合

教学与研究相结合是欧洲和美国研究型大学的一个重要特征。麻省理工学院的这一传统是从 20 世纪 30 年代逐渐确立起来的。在这之前，麻省理工学院有一些科学研究活动，但科学研究并未形成一种风气。

需要指出的是，当时所谓的教学与研究相结合，更多的是指与自然科学基础学科的研究相结合。在麻省理工学院校史上占有极其重要地位的康普顿校长在其就职演说中提出，改造麻省理工学院的关键工作，甚至全部工作都应该是围绕基础科学开展的。康普顿校长说：“我希望麻省理工学院更加关注基础科学；我希望麻省理工学院的研究在探索精神和研究成果方面都达到前所未有的高度；我希望麻省理工学院的所有课程都深入反省，看看是否在教学中因为强调细节而放弃了基本原理。我相信，只要完成这几个方面的工作，不需要实施激进的改革或者改变学院的目标，我们就能取得明显的进步。”（王孙禺 等，2013）

康普顿积极鼓励麻省理工学院的师生加强基础科学的研究活动：“科学的每一次应用都是以科学发现为前提条件的。归根结底，对科学的应用取决于科学研究发现自然秘密的程度。当科学发现被用于服务人类时，总会在一定程度上受到限制。这种限制有时候表现为材料性能不好，有时候表现为无法解某一个方程，有时候表现为一些干扰因素等。因此，这里需要再次强调的是，是研究活动突破了这些限制。所以，麻省理工学院从一开始就非常注重科学原理及其技术应用。今天的麻省理工学院，必须在注重技术教育的同时重视发展科学研究及其应用。”（王孙禺 等，2013）

同时，康普顿提出，工程教育在教学环节应该更加侧重基础科学与基本原理："以科学基本原理为主的、宽广的、深入的训练将比围绕细节的教学更为有效。很多细节在工程实践中往往并不常见。上一代工程师所处的年代，正是技术工业诞生的年代，因此当时需要很多懂得某门技艺细节的人才。现代工业都是大型组织，他们对人才的要求主要是基础原理牢固。麻省理工学院提供的这样的人才必将成为领军人才。"（王孙禺 等，2013）"现代工程发展得越来越复杂。要想严格按照工程专业的职业思想和职业实践来培养相应的人才已经不可能了。科学发现及其应用的增长速度不断加快，因此解决工程问题的方式越来越新颖多样。"（王孙禺 等，2013）

20 世纪 30 年代以来，康普顿校长发展麻省理工学院的主要目标之一是把基础科学提升到专业化水平。这种专业化水平的实现在很大程度上依赖于专业化实验室的建设。换言之，康普顿发展基础科学的一个最主要着力点是专业化实验室建设。1935 年，康普顿在校长报告中指出，足够好的设备是麻省理工学院完成伟大使命的三大重要先决条件之一（Massachusetts Institute of Technology，1935）[18]。同其他院校不同，20 世纪 30 年代的麻省理工学院几乎每门课程、每个学科都需要实验。实验室是麻省理工学院开展科学研究的主要场所（王孙禺 等，2013）。

人类在进入 20 世纪以后，科学研究活动专业化水平越来越高，因此专业化实验室的作用越来越明显。在康普顿上任直至二战结束的 15 年时间里，专业化实验室建设是麻省理工学院建校以来最重要、力度最大、影响最深远的一项投入。其中，二战爆发前的八九年时间里，专业化实验室建设主要是麻省理工学院的一种院校行为。二战中，以辐射实验室为标志，美国政府和军方以史无前例的力度参与到大学专业化实验室建设中来。在一定意义上说，20 世纪 30 年代的专业化实验室建设为麻省理工学院的二战战争服务打下了良好的基础，而 20 世纪 30 年代至二战结束的 15 年则为麻省理工学院直至今日的发展打下了坚实的物质与设备基础。

1927年，康普顿在任职麻省理工学院校长以前，曾经详细论述为什么本科生必须真正动手去研究。在担任麻省理工学院校长以后，他把这种理念带入麻省理工学院。康普顿曾在《科学》(*Science*) 上发文指出，教育必须培养思考的能力和解决问题的能力，而培养这两方面的能力应主要通过研究活动。“如果说思考能力、解决问题的能力在我们的教育中很重要的话，那么研究就必须是教育过程中一项重要的活动。因为研究活动的成功取决于有多大程度将心智聚焦在问题上。”(Compton，1927；王孙禺 等，2013)“思考能力、解决问题的能力，不能够通过过度教学来培养。要想真正学懂一个事物，必须通过‘做’。人的心智特性必须通过练习获得。围绕心智特性、针对某些问题开展训练的过程，就是‘研究’。”(Compton，1927；王孙禺 等，2013) 康普顿认为，教育必须把学生的兴趣激发出来，而“研究对于学生而言的一个优势是激发兴趣”(Compton，1927；王孙禺 等，2013)。在康普顿看来，真正的科学研究因为其关注未来的、新兴的、动态的、发展的事物而容易引起人的学习兴趣：“今天的人们对于静态的事物不太感兴趣，他们必须不断向前运动。我们的时代是向前看而不是向后看。因此，当教学缺乏最直接的目标并且教学内容只是很长历史时段里的一大堆事实、法则、事件时，我们的教师和学生往往就会缺乏热情甚至表现出叛逆情绪来。但是，假如我们激起学生的兴趣或者好奇心，假如使学生感受到他们的创造性人格和批判性人格能够有所作为，那么他们就会有热情。”(Compton，1927；王孙禺 等，2013) 根据康普顿校长的观点，本科工程教育中保留的专业化成分主要是训练学生学会如何实现专业化，而非培养专家 (Compton，1937；王孙禺 等，2013)。同时，本科工程教育中不再包括工场实践，而是代之以实验室研究。“工程学院最近的发展趋势是不再特别强调工场实践。工场实践可以交给技术学校、中等专业学校和企业中的学徒式培训课程。”(Compton，1937；王孙禺 等，2013)

上面关于麻省理工学院办学理念的历史梳理，总结起来，其教育的基本特征包括以科学核心课程和人文、艺术与社会科学课程为主的通识教育，以专业化实验室为依托的严格工程训练。其中以下三方面的特征成为近年来欧林工学院等所批判的。

第一，本科工程教育强调科学、人文、工程三大领域的教学，而且每一个领域都由相应的专业学者来完成教学。20 世纪 30 年代的麻省理工学院建立了理学院，聚集了一批大科学家，由此提升了自然科学基础学科的教学与研究水平。1930 年以后，麻省理工学院逐渐确立了一条原则，即数学、物理学、化学等核心的自然科学课程必须由“专业”人员来进行“严格”的教学。这种专业性和严格性保障了科学核心课程的教学质量。二战以后，这条原则也用于人文、艺术与社会科学课程。麻省理工学院在二战以后建立了人文与社会科学学院，聚集了一批人文与社会科学专业学者，由此提升了人文、艺术与社会科学的教学和研究水平。

第二，本科教学与科学研究相结合，教学活动从研究活动中汲取营养。为实现这一理念，美国发展出所谓的“研究型大学”。而且，研究型大学有一系列的制度设计，包括建设和维护全球最先进的科研实验室，教师将争取各类研究基金、发表研究成果等作为重要工作内容，围绕研究成果形成教师聘任政策，等等。同时，近代以来大学的学科建制因为有利于维护学者的专业地位而得以保持和发展。

第三，分阶段的特征很明显。由于通识课程自成体系且占有很大的比重，并且通识课程被作为专业课程的基础，麻省理工学院的本科工程教育实际上是分为通识教育和专业教育两个阶段的。一度有观点提出，本科工程教育应当将更多的专业化训练推迟到研究生阶段进行，即另外一种两阶段观点——把培养工程师的过程分为以科学、人文训练为主的本科阶段和以专业化训练为主的研究生阶段。

由于这套体系的形成经历了几十年甚至上百年的争论和实践，这些基本特征具有很强的稳定性。欧林工学院等改革者提出，以老牌理工学院为主的本科工程教育是一种理工模式的本科工程教育。

在美国工程院发布的报告中对麻省理工学院本科工程教育改革的推介情况汇总如表 5-2 所示。可以看到，麻省理工学院在 20 世纪末期已经形成对新一代工程师的定义。1989 年，麻省理工学院形成并公布了报告《美国制造》。《美国制造》认为，麻省理工学院及美国本科工程教育所培养出来的新一代工程师应具有以下特征：对真实问题及其社会、经济、政治背景感兴趣，并且具备相关的知识；具备高效的团队工作能力，通过团队创造新的产品、工艺和系统；具备跨越单一学科界限工作的能力；对科学、技术有很深刻的理解，同时拥有有效的实践知识、富有动手精神、具备实验技能和实验洞察力。这些特征也是麻省理工学院本科工程教育改革的重要方向，即麻省理工学院的教师和学生应具备上述特征（National Research Council，1995）[17]。

表 5-2 美国工程院报告中对麻省理工学院本科工程教育改革的推介情况汇总

年份	报告名称	基本观点
1985	《工程共同体的支持性组织》	麻省理工学院设立范·布什科技宣传奖，加强社会各界对工程和工程教育的理解
1995	《工程教育：设计一种更具适应性的体系》	麻省理工学院呼吁培养新一代工程师并明确人才培养标准；麻省理工学院的工学院在一种学院文化氛围中制定战略规划和推进本科工程教育改革
2005	《培养 2020 工程师：使工程师教育适应新世纪》	麻省理工学院发起公开课行动，为本科工程教育提供终身学习资源；麻省理工学院校长在报告中阐述麻省理工学院本科工程教育的坚守与改革；美国成立 6 个工程教育联盟以推进本科工程教育的系统性改革，麻省理工学院属于教育与领导力工学院联盟
2012	《为工程教育植入“真实世界的经历”》	麻省理工学院实施“伯纳德·M. 戈登-麻省理工学院工程领导力”项目，该项目被作为《为工程教育植入“真实世界的经历”》的一个典型案例
2013	《培养工程师：在新的学习模式下培养 21 世纪的领导者》	麻省理工学院推进 EdX 在线教育项目，并且正在建设在线实验室。在线教育被认为是未来本科工程教育的重要图景之一
2015	《培养创新：影响创新活动的因素分析——基于创新者与利益相关者投入的角度》	麻省理工学院拥有一种良好的创新文化氛围，学生在校园里能时时处处感受到鼓励创新、尊重创新

续表

年份	报告名称	基本观点
2016	《为工程教育植入“伦理教育”》	“伦理学与工程安全”课程被作为工程伦理教育的范例；麻省理工学院的本科新生 Terrascope 学习共同体被作为工程伦理教育的范例

从改革行动来看，21世纪以来，麻省理工学院发起了若干有重要影响的改革，包括开放课件行动与 EdX 在线教育项目、工程领导力教育、工程伦理教育等。开放课件行动与 EdX 在线教育项目更多地可以看作一项教育改革，而不仅仅是本科工程教育改革。而且，本书重点研究院系层面的改革行动。因此，这里重点介绍由麻省理工学院工学院牵头的和主要参与的，在美国本科工程教育界有重要影响的工程领导力教育和工程伦理教育。

一是工程领导力教育。2008年，麻省理工学院启动了“伯纳德·M. 戈登-麻省理工学院工程领导力”项目，简称戈登领导力项目。从名称可以看出，麻省理工学院以“工程”冠名于“领导力”之前，表明了以领导力培养来推进本科工程教育改革的思路。麻省理工学院设立该项目的主要目的有两个：其一是培养和造就善于创新、善于发明、善于执行的新一代工程师；其二是引领美国本科工程教育更加重视工程领导力，从而增强美国的产品研发能力。从教学设计来看，戈登领导力项目重点融合三个方面的教学：校园内和校园外实践、观察和讨论工程领导力教育的深刻体验；为工程领导力教育提供理论和分析框架的课程；教师、同辈、校友、企业导师等各方在各类活动中的反思、评价和反馈（National Academy of Engineering，2012a）[19]。戈登领导力项目的面向分为四个维度：第一个维度面向“所有学生”，为所有工程类学生提供基于项目的学习和结果导向的领导力训练；第二个维度面向“大多数学生”，为大多数工程类学生提供高级课程和跨学科课程；第三个维度面向“少数学生”，为经过遴选的精英学生提供核心项目训练；第四个维度面向“国家层面”，从课程以外、校园以外着手优化本科工程教育的环境。前三个维度的目标分别可以总结为培养合格工程师、优秀工程师和工程领军人才。大一大二期间的戈登领导力项目以相关的概论性课程为主。从大三大四学年开始，戈登领导力项目设置较为系统的工程领导力、工程设计、工程创新、动手实践项目、导师制和个人领导力计划，而且按照深入程度又分为两个阶段，要求学生在第二个阶段比在第一个阶段习得更高阶的技能。这种根据深入程度设置不同阶段的做法，既确保了更多的学生渐进地参与，也确保了最优秀的学生能够得到最系统的训练（National Academy of Engineering，2012a）[19]。戈登领导力项目设计了工程领导力效能量表，将工程领导力的测量指标体系分为6个维度共30个指标。这6个维度分别是领导力态度（核心价值观和个人品质）、人际交往、理解情境、愿景规划、愿景实现、技术知识与关键推理。戈登领导力项目的组织、实施和评估，主要围绕这套指标体系进行（崔军、汪霞，2010）。量表测评表明，戈登领导力项目的教学效果良好。尤其重要的是，通过戈登领导力项目，很多学生学会了带领和激励团队工作，而这正是“领导力”的核心内涵所在。戈登领导力项目的启动资金来自伯纳德·M. 戈登基金会捐赠的2000万美元。麻省理工学院工学院为该项捐赠争取到一定数额的配套经费（National Academy of Engineering，2012a）[19]。

二是工程伦理教育。2016年的美国工程院报告《为工程教育植入“伦理教育”》介绍了两个关于麻省理工学院开展工程伦理教育的案例。第一个案例是麻省理工学院的“伦理学与工程安全”课程。该课程着重围绕“工程安全”这一主题来研讨工程伦理问题。该课程从风险讲起，然后引导学生就工程安全的典型案例进行分析，最后学生需要运用工程技能和工程伦理知识在一个真实系统中展开工程设计。真实系统的种类包括电力系统、汽车系统、血库、空中交通系统、无人机系统、机器人系统、医学设备等（National Academy of Engineering，2016）[19]。第二个案例是麻省理工学院建立了本科新生 Terrascope 学习共同体。该共同体是由大一新生组成的，参加过共同体的高年级学生则帮助指导大一新生。该共同体帮助大一新生组成团队，参与解决复杂的、真实世界的问题。在秋季学期，该共同体的活动是“解决复杂问题”。典型的题目将涉及多个视角，问题解决方案没有正确与错误之分。例如，其中一个问题是“规划下一世纪美国西北地区的水资源”（Devise a Plan to Provide Adequate Fresh Water to Western North America for the Next Century）。学生将在秋季学期完成相关的研究。第二个学期的活动是“复杂环境议题的设计”（Design for Complex Environmental Issues），学生分组完成团队动手研究和项目设计，经过一个学期以后提交工程样品作为活动最终成果（National Academy of Engineering，2016）[32-33]。

总体来看，作为美国本科工程教育的重镇，麻省理工学院有着很深厚的理工教育传统，在通识教育、科学研究等方面积累了丰富的经验。20世纪80年代以来，麻省理工学院已经开始酝酿和发起若干改革，其中工程领导力教育、工程伦理教育是麻省理工学院本科工程教育改革的重点。

5.1.2　欧林工学院与超越理工模式

对美国本科工程教育而言，1997年是一个重要的年份。这一年，在美国自然科学基金委员会、美国科学院和美国工程院的支持下，美国分别新建了两所私立高等工程教育机构——富兰克林·欧林工学院（Franklin W. Olin College of Engineering，简称欧林工学院）和凯克应用生命科学研究院（Keck Graduate Institute of Applied Life Sciences，简称凯克研究院）。欧林工学院是由富兰克林·欧林基金会资助建立的一所四年制本科工学院。凯克研究院是由凯克基金会资助建立的一所研究生层次工学院。①

前文已提及，在美国研究委员会及美国工程院发布的关于工程教育的报告中，提及欧林工学院的次数仅次于麻省理工学院和斯坦福大学。欧林工学院、凯克研究院被美国工程院、美国自然科学基金委员会、美

① 本书关于欧林工学院的案例研究部分，已经发表在《高等工程教育研究》上。参见王孙禺、曾开富（2011）和曾开富、王孙禺（2011）。

国科学院等机构视作高等工程教育的改革典范、美国高等工程教育界的改革双子星。美国自然科学基金委员会曾指出："希望欧林工学院和凯克研究院的改革能够被复制和推广！"（王孙禺、曾开富，2011）Xiao Feng Tang（2014）认为，欧林工学院的建立是最近二三十年来美国本科工程教育的最重要改革之一。2009 年，欧林工学院受邀在世界高等教育大会上做报告，将其改革向全球推介（王孙禺、曾开富，2011）。

如果说美国工程院、美国自然科学基金委员会、美国科学院等机构代表了美国教育界的官方态度，那么社会公众对欧林工学院也表现出极大的兴趣。据《美国新闻与世界报道》的报道，欧林工学院常年位列全美本科工程教育项目的前 10（王孙禺、曾开富，2011）。在 2018 年的排名中，在 200 所不授予博士学位的本科工程教育院校中，欧林工学院在美国排名第 3 位。[①] 从招生的录取率和录取分数来比较，欧林工学院的生源质量从建校初期就已经与同处波士顿地区的麻省理工学院、哈佛大学等名校相当（王孙禺、曾开富，2011）。从毕业生情况来看，欧林工学院本科毕业生主要是进入企业。根据 2011 年度的调查，欧林工学院本科毕业生的起步年薪平均水平高出美国本科院校平均水平 37%，高出工程类本科院校平均水平 15%（王孙禺、曾开富，2011）。

根据欧林工学院的改革观点，美国本科工程教育长期以理工（technology）[②] 类研究型大学为样本，本质上是一种理工模式（王孙禺、曾开富，2011）。虽然欧林工学院的改革者并没有明确、具体地提到老牌工学院的名称，但从其论述可以看到，麻省理工学院等老牌工学院正是理工模式的代表。欧林工学院因改革而建。因此，可以看到，欧林工学院是完全针对理工模式而设计其改革的。

---

① 《美国新闻与世界报道》，https://www.usnews.com/best-colleges/rankings/engineering-overall，数据读取时间为 2017 年 11 月 15 日。

② 欧林工学院的改革是以麻省理工学院、加利福尼亚理工学院等为参照系的。因此，虽然 technology 从字面上翻译为"技术"，但是作为教育模式则按照我国的翻译习惯译成"理工模式"。

根据欧林工学院改革者的观点，美国本科工程教育的理工模式存在很大的缺陷，需要进行彻底的改革。

第一，“工程教育”变异为“理工模式”，本科工程教育的人才培养目标在理工大学的办学实践中从“工程师”变异为“科学家”和“技术专家”。理工类研究型大学的一大特征是本科教学与科学研究相结合。在研究型大学的大环境中，学生更多地参与科学研究，而远离了工程实践。在一定意义上说，所谓本科工程教育的理工模式就是把培养科学家、技术专家和培养工程师等目标融为一个教育过程（王孙禺、曾开富，2011）。

第二，传统的通识教育与专业教育分阶段教育模式，对美国本科工程教育的保有率造成了消极的影响。在理工模式的教育过程中，传统的本科工程教育包括相对固定的两个阶段——通识教育和专业教育阶段，很多学生逐渐为通识教育课程所吸引，转入法学、基础科学研究等其他专业教育领域学习，从而严重影响本科工程教育的保有率（王孙禺、曾开富，2011）。美国自然科学基金委员会的负责人曾经提出：“本科教育的大一、大二阶段本来应该刺激学生的学习兴趣。但是我们的大一大二学生发现他们只是进入了一所‘超级高中’并逐渐失去对工程的兴趣。事实上，大一大二学生并非没有能力接受工程教育。”（王孙禺、曾开富，2011）

第三，本科工程教育不断增加新的知识和能力要求，并由此对学制产生影响。20 世纪以来，本科工程教育先后增加了科学核心课程、人文、艺术与社会科学课程等新的知识，而且这些知识的更新速度越来越快。在坚持四年学制不变的背景下，原本属于工程领域的教学时间被压缩了。美国的医学专业教育保持五年学制，法学专业人才则一般要经过研究生教育才能获得执业资格。因此，四年学制的本科工程教育是否具备专业教育应有的深度，已经引起了广泛的怀疑。在美国本科工程教育界，一度有提议将本科工程教育的时间延长到五年。但是，少数延长学制的改革尝试使学生更愿意选择其他未延长学制的本科工程教育项目，从而使改革者在生源和质量上遭遇两难的困境，因此这种改革很快终止。此外，界限清晰、自成体系的科学、人文和工程等在教学中如何相互融合，仍然需要教学实践的探索（王孙禺、曾开富，2011）。

第四，研究型大学客观上形成了“重科研、轻教学”的局面。相对而言，研究型大学的文化氛围更有利于科研活动。例如，很多理工类研究型大学还采用书本教学和讲授式课堂教学的方式，因此学生写了一大堆课堂笔记但没有工程实践经验。研究成果能够为大学更快地、更显著地带来社会声誉，并进一步带来捐赠收入等，因此理工类研究型大学相对强调研究而忽略教学（王孙禺、曾开富，2011）。美国自然科学基金委员会提出，“研究型大学很难保证把投入都用于人才培养活动”（王孙禺、曾开富，2011）。“麻省理工学院的激励体系对研究的奖励远远超过了对教学的奖励，教师开发出一门新的课程并不会得到很丰厚的奖励。”（王孙禺、曾开富，2011）有研究表明，近300所美国工学院中，愿意进行彻底改革的不足25%。在麻省理工学院，反对本科工程教育改革的教师达到了半数以上（王孙禺、曾开富，2011）。

基于上述认识，欧林工学院认为，以理工类研究型大学为主的美国传统本科工程教育在过去几十年时间里堆积了太多问题，细枝末节的修补已经无法解决多年积累形成的危机。因此，欧林工学院的改革口号和改革目标是“超越理工模式”（Beyond Technology）（王孙禺、曾开富，2011）。

围绕美国理工类研究型大学存在的问题，欧林工学院从如下几个方面设计和实施本科工程教育改革。

第一，使命宣言及“欧林三角”。欧林工学院将其办学使命表述为“培养示范性的工程创新人才，培养学生认识需求、设计问题解决方案、参与创造性事业并由此改善世界”（曾开富、王孙禺，2011）。欧林工学院将其愿景表述为“引领本科工程教育的改革，培养造福人类的新一代创新人才”（曾开富、王孙禺，2011）。对比可以看到，中美其他高校的使命和愿景表述一般都涵盖大学多重功能，包括人才培养、知识创造和社会服务等。而欧林工学院的使命宣言具有唯一性，即以人才培养为唯一使命。这一显著特征奠定了欧林工学院不向理工类研究型大学发展的基调。在办学使命表述中，欧林工学院明确提出了“示范性”。也就是说，欧林工学院将自身定位为改革者，希望成为美国本科工程教育改革的榜样。从这一动机出发，欧林工学院重新定义工程、创新等关键概念。更进一步地，美国本科工程教育界的改革派寄希望于由此重新定义本科工程教育（曾开富、王孙禺，2011）。

根据其对工程、工程教育等关键概念的理解，欧林工学院设计了“欧林三角”（见图 5-1）来阐释和规划本科工程教育的教学活动。“欧林三角”包括传统的工程教育、创业教育、自由艺术教育三部分（曾开富、王孙禺，2011）。

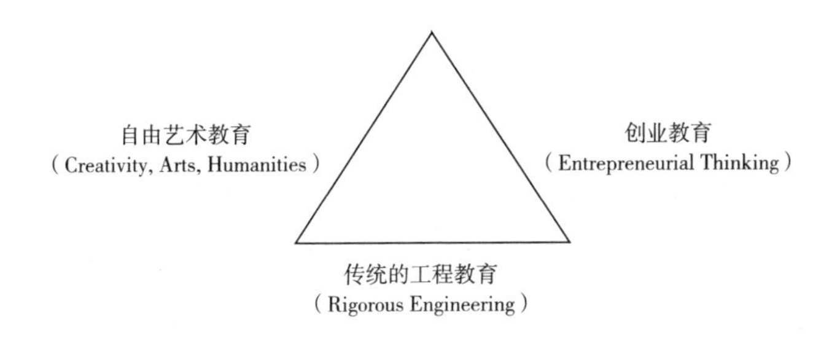

图 5-1　欧林工学院本科工程教育的目标和基本理念——“欧林三角”

欧林工学院的改革设计者认为，现代工程活动应具备三个基本特征——技术可行性、经济可行性、社会吸引力。“欧林三角”的三个部分分别对应上述三个特征。

工程活动的技术可行性（Feasibility）是指设备或者系统的创新应服从客观的自然规律。简言之，工程活动的技术可行性要求工程活动真正创造出新的事物、技术、流程、系统等。这也是本科工程教育与生俱来的教育目标。因此，工程活动的技术可行性要求继承传统工程教育的优秀元素。根据这一认识，欧林工学院的培养方案并不全盘否定美国传统工程教育，而是继承其合理部分。其中，科学核心课程基础知识仍然是欧林工学院培养方案的重点（曾开富、王孙禺，2011）。

工程活动的经济可行性（Viability）是指工程产品应具有市场潜力，能够通过市场获得可持续发展所需要的资源。简言之，工程活动的经济可行性要求创造价值。美国工程院把美国制造业的战略核心确定为“价值”，即要求工程师善于在全球市场环境中抓住产业链条中最有价值的部分。经济可行性是传统商业教育的首要目标。因此，工程活动的经济可行性要求现代工程教育吸收商业教育的要素，将传统工程教育同创业教育相结合。通过创业教育，学生不仅要懂得商业的基本原理以及工程的商业背景，而且要具备从工程师到创业者的角色转变能力，要形成广泛的创业能力，要理解慈善（这也被美国社会认为是一种创业）的精神和价值观（曾开富、王孙禺，2011）。

工程活动的社会吸引力（Desirability）有两方面的内涵。一方面的内涵是指工程产品以顾客为中心，在自由市场中能够吸引顾客；另一方面的内涵是指工程师对工程系统和产品的设计要从艺术、人文和社会环境出发，充分理解职业的伦理和工程的社会影响。最简单的例子就是汽车作为一项工程产品，它同时也因为能源消耗和碳排放而逐渐失去吸引力。对于工程的社会影响的理解和认识，主要从人文、艺术与社会科学的角度出发，这是美国通识教育的内容。因此，欧林工学院提出要将自由艺术教育作为重点纳入改革方案（曾开富、王孙禺，2011）。

第二，课程体系与培养方案。根据“欧林三角”，欧林工学院设计了课程体系和培养方案，工程与创新的定义、“欧林三角”、传统教育形式及课程之间的对应关系如表 5-3 所示。

表 5-3　工程与创新的定义、“欧林三角”、传统教育形式及课程之间的对应关系

“欧林三角”	工程作为创新职业的不同方面	工程的三个属性及创新的三个方面	对应的传统教育形式	对应的课程分类及学分	
				课程分类	最低学分
传统的工程教育	对工程系统的创造性设计	技术可行性（Feasibility）	工程教育	科学（SCI）	20
				数学（MTH）	10
				工程（ENGR）	46

续表

"欧林三角"	工程作为创新职业的不同方面	工程的三个属性及创新的三个方面	对应的传统教育形式	对应的课程分类及学分	
				课程分类	最低学分
创业教育	价值创造	经济可行性（Viability）	商业教育	人文社科与创业（AHSE）	28
自由艺术教育	满足人类社会的需要	社会吸引力（Desirability）	通识教育		

注：欧林工学院的学生总共需要修完 120 学分。科学、数学、工程、人文社科与创业课程分别至少应修 20、10、46、28 学分。人文社科与创业课程的 28 学分中，人文社科课程不得低于 12 学分。1 学分对应于每学期每周 3 学时的学习量。例如，假设某门课程 4 学分，那么该课程在一个学期内每周的课堂时间、课后作业、实验和其他课程要求大致耗时为 12 个小时（曾开富、王孙禺，2011）。

建校初期，欧林工学院根据"欧林三角"将课程分为三类：STEM，艺术、人文和社会科学（AHS），创业（Entrepreneurship）。对课程进行测试与实践表明，创业类课程同艺术、人文和社会科学类课程具有内容重复或相似的情况，因此整合成为人文社科与创业（AHSE）课程。而 STEM 则应进一步细分为科学、数学和工程三类课程。因此，经过一段时间的实践之后，至迟到 2009 年，欧林工学院的课程体系包括科学、数学、工程、人文社科与创业四类课程（曾开富、王孙禺，2011）。

针对理工类研究型大学的通识教育与专业教育阶段划分缺陷，欧林工学院重新设计了本科教育阶段，并进一步将课程分为四个层次。欧林工学院本科教育被分为基础阶段、专业化阶段和实现阶段三个阶段，课程则分为初级课程、中级课程、高级课程、综合性设计型课程四个层次。课程层次和教育阶段相结合。下面根据 2009 年欧林工学院提供的样本课表来进行说明。样本课表可以为不同专业的学生制订学习计划做参考。专业不同，实际的课表可能同样本课表有所差异，但总体来看差异不大。需要注意的是，由于欧林工学院定位为探索改革，其课程也在持续改进的过程中（曾开富、王孙禺，2011）。本书研究各个年度的课程和培养方案时，以 2009 年的课程为主进行介绍。

根据欧林工学院的改革设计，本科教育的前 1.5 年或前 2 年属于基础阶段，其教学目标是为工程教育打下牢固的基础。基础阶段的教学内容包括数学、物理学、生物学、化学、工程原理及艺术、人文和社会科学基础等。其中数学类课程3门，科学类课程3门，数学类和科学类交叉课程1门，人文社科与创业类课程3门，工程类课程7门。本科第1年以初级课程为主，第2年以中级课程和部分高级课程为主，科学类和数学类的高级课程都会在基础阶段完成学习（曾开富、王孙禺，2011）。

本科教育的第4学期直至第3学年结束属于专业化阶段。对比可以看出，这一阶段比理工类研究型大学的通识教育阶段提前了。大二结束之前，学生确定专业方向，在大三期间选择某一工程领域进行深入学习和研究。在该阶段，没有单独的科学类课程和数学类课程，只有工程类课程3门和人文社科与创业类课程2门，同时开设2门选修课程。所有的课程都是高级课程（曾开富、王孙禺，2011）。

欧林工学院本科教育的最后一个阶段是实现阶段，这也是区别于理工类研究型大学的一个显著特征。实现阶段是指创造一个工程产品。该阶段贯穿大四全年，教学活动是以终极设计项目（SCOPE）为代表的工程实践和工程创作。SCOPE分成两类，一类是工程SCOPE，另一类是AHSE SCOPE。除此之外，实现阶段还有2门工程类高级课程，1门科学类或者数学类高级课程，1门选修课程（曾开富、王孙禺，2011）。

根据以上课程阶段划分方式，欧林工学院2009年开设的95门课程的阶段和类别分布情况如表5-4所示（曾开富、王孙禺，2011）。

表5-4 欧林工学院2009年开设的95门课程的阶段和类别分布情况

课程类型	初级课程开设总门数	中级课程开设总门数	高级课程开设总门数	SCOPE数量	学生必修门数	时间安排
人文社科与创业	6	8	3	2	7	前7个学期
工程	5	10	32	2	13	所有8个学期
数学	2	5	6	0	4至5	前3至5个学期
科学	6	5	3	0	6	前3至5个学期

与理工模式区别最大的一点是欧林工学院在基础阶段设置了7门工程类课程，而且整个培养计划中工程类课程占的比重最大。这一设计，主要是为了弥补理工模式的通识教育阶段存在的缺陷。根据欧林工学院改革者的观点，本科工程教育可以借用艺术教育的理念，把本科工程教育作为一

种表现艺术。在电影、音乐、美术等表现艺术领域，其教学的特征是长期、密切地进行艺术创作实践。虽然有艺术理论的教学，但艺术教育中的理论教学绝对不会比艺术创作实践重要。同样道理，把本科工程教育作为表现艺术来设计，意味着学生要更多地接触工程实践活动。米勒校长用教孩子拉小提琴来类比本科工程教育。设想一个孩子要学拉小提琴，但根据传统的本科工程教育，必须先学声学理论，然后学作曲等，最后学生都已经厌倦音乐艺术时才可能接触到小提琴。但根据欧林工学院的本科工程教育理念，应该用大部分时间让孩子接触小提琴，使孩子喜欢小提琴，在必要的时候才向其教授声学理论、作曲等。同样道理，本科工程教育要让学生更早地、更常态性地接触真实世界的工程活动，使其始终保持对工程活动的热情和兴趣。

欧林工学院认为，本科工程教育需要把工程设计能力作为教学重点。虽然工程设计类课程仍然属于工程领域的课程，但是工程设计类课程作为欧林工学院的公共课程被单列了出来。在欧林工学院看来，工程设计尤其体现工程创新人才的“创新”属性——工程设计需要良好的想象力和创造力，因为人们无法设计出他想象不到的事物。因此，设计能力是使产品具有吸引力、体现工程师想象力和创造力的更高层次能力（曾开富、王孙禺，2011）。

第三，教学方法与课程设计。在欧林工学院的改革设计中，项目教学（Project-Based Learning，PBL）占有突出重要的地位。项目是欧林工学院教育哲学的主要载体，被称为“欧林工学院的DNA”（Schwartz，2007）。欧林工学院的绝大多数教育阶段和课程类型都包括项目实践。项目教学的最高形式是SCOPE。SCOPE项目是集综合性、实战性、创造性、设计性于一体的工程项目或创业项目，是欧林工学院本科工程教育的顶峰。SCOPE由真实的社会企业客户资助，在真实的企业生产场景中“真题真做”地完成工程项目，是“真刀真枪的实战”。因此，SCOPE既是教育机构中的一种课程形式，也是企业的一种综合性、创新性生产实践（曾开富、王孙禺，2011）。

欧林工学院SCOPE的基本运作方式是：合作企业提供真实、有挑战性的工程问题，并提供资金和其他基本工作条件；欧林工学院提供SCOPE团队、导师和其他所需的技术支持，SCOPE团队由4至6名不同专业的学生构成；SCOPE团队围绕该项目工作2学期，每周每个小组至少工作60小时（即每名学生大四的1/4学习时间用于SCOPE）；SCOPE团队向资助企业定期（一般为每周）汇报项目进展，在项目结束时提交结题报告。项目成果的知识产权属于资助企业，因此学生必须严格遵守知识产权保护规定对技术保密。据2005年至2009年的数据统计，总计有波音公司、IBM等34家企业资助了SCOPE项目，其中11家企业有多项资助。据2005年欧林工学院调研和公布的情况，在美国绝大多数开设SCOPE项目的本科工程教育中，SCOPE项目一般为1个，持续时间为1学期，总共3学分。而欧林工学院每个学生必须完成2个SCOPE项目，持续时间2学期，总共8学分（曾开富、王孙禺，2011）。

项目教学的效果是多方面的。其中最重要的一点是工程项目具有跨学科性。在欧林工学院建校初期，如何完成跨学科知识的整合是教学设计的一个主要出发点。欧林工学院曾经采用课程集群（Integrated Course Block，简称ICB或者Cohort）来整合不同学科的教学。根据欧林工学院2004年以前的课程设计理念，课程集群是基础阶段教学的核心板块。一般情况下，一个课程集群的教学由多名教师组成一个跨学科教学团队来完成，把项目和一系列传统课程（一般为2至4门）整合成一个有机的整体。根据设计者的理念，课程集群以项目与实践为载体来应用传统课程中所学的理论，使学生在理解学科基本知识和应用知识解决真实工程问题之间达到合理的平衡。课程集群既可以综合多门技术类课程，也可以综合多门技术类课程和非技术类课程。例如，“生物学”与“艺术、人文和社会科学”结合组成课程集群，通过关于克隆研究的项目研究生物学与克隆技术涉及的伦理问题；将“材料科学”与“艺术、人文和社会科学”结合组成的课程集群研究重建保罗·瑞维尔[①]铁匠铺。在2004年以

① 铁匠保罗·瑞维尔是美国独立战争中的英雄。在英军即将收缴北美民兵枪支的关键时刻，瑞维尔午夜飞骑，送出情报，帮助民兵战胜英军，打响了莱克新顿的枪声。

前，课程集群是大学前 3 学期和大三全年教学内容的基本单位，学生在这 5 个学期中的每学期都要从 3 个备选课程集群中选择 1 门类似于图 5-2 所示的课程集群（曾开富、王孙禺，2011）。

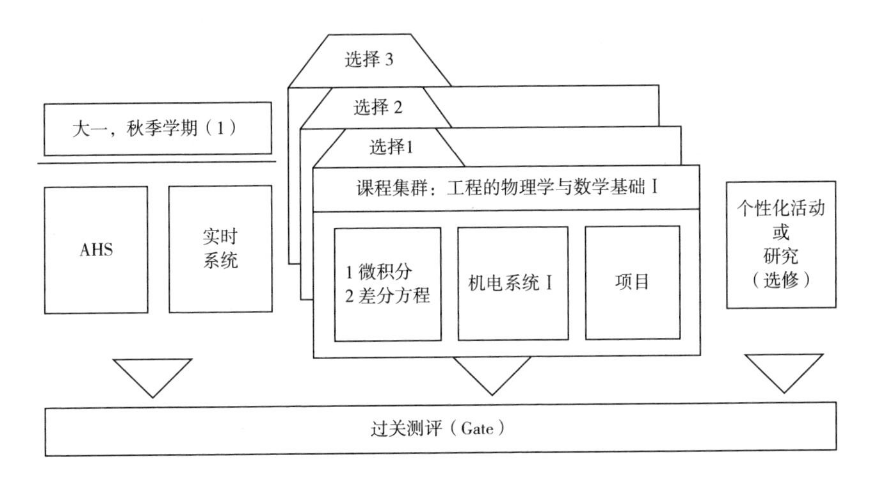

图 5-2　2004 年以前欧林工学院大一秋季学期的课程体系

注：图中的 AHS 指艺术、人文和社会科学。

从课程集群的设计思路上看，课程集群不仅解决了学科分化、知识爆炸与学制学时不足之间的矛盾，还能有效融合理论学习与工程实践能力的培养。欧林工学院课程集群思想的倡导者和设计者 Yevgeniya V. Zastavker 等调查显示，课程集群在激发学生对工程活动的兴趣、培养学生应用知识的能力、培养学生团队合作的能力等方面显著优于学科性的课程（曾开富、王孙禺，2011）。

但是，人类的知识之所以分门别类形成学科，正是由于各个学科均有其自成体系的研究与教育范式，正是因为学科之间有较大的理论假设或者方法论差异。因此，在教育实践中，不是所有的学科课程都可以组合形成课程集群。而且，课程集群设计需要教师投入很大的时间和精力成本。课程集群固然有可能打破学科界限，但也由此打乱了学科课程本身的逻辑体系，导致课程之间缺少衔接。比如，由微积分、差分方程、机电系统I和项目构成的课程集群，学生能够掌握机电系统I中用到的数学知识，但却可能忽略了数学学科中的其他知识。而学校如果没有相应的完整的数学课程，学生将无法通过其他途径系统学习数学课程。2004 年以后的欧林工学院，有一部分课程集群的教学效果非常好，但一般不再称之为 ICB 或者 Cohort，而是将其作为一门新的课程看待。部分课程集群的效果未达到预期，尤其难以实现不同学科的有机融合，因此这类课程集群逐渐被分解为多门独立的课程。这一改革过程表明，学科作为大学课程设计的一种基本框架，仍然占有基础性地位（曾开富、王孙禺，2011）。

同时，欧林工学院还有以下两个办学特色。

第一，不设置院系。近代高等教育自诞生以来无不以学科院系为基本架构，欧林工学院却不设置院系。虽然欧林工学院将学生分成了若干个专业，但是每个专业并非院系。也就是说，教师不固定属于某一个专业，因此也就从名义上和实质上没有院系的概念（曾开富、王孙禺，2011）。欧林工学院认为，本科工程教育要做到以学生为中心，就必须不设置院系，同时也不实施美国高校普遍采用的长聘制度（曾开富、王孙禺，2011）。由于这种设置，欧林工学院的教师没有科学研究的压力。但是，从上面的介绍可以看到，欧林工学院的教师并非不从事创造性工作，而是主要从事课程开发、项目与案例的开发等方面的创造性工作。按照美国工程院的建议，教学学术应作为大学学术的题中应有之义。欧林工学院的教师是以教学学术为主的。

第二，改革投入巨大。这种投入既包括人财物等有形资源的投入，也包括教师在教学活动中真正投入热情。从招生周活动、奖学金投入到课程设计、课程教学，包括 SCOPE 的组织等，都可以看到巨大的人力和财力投入。2007 年 5 月，欧林工学院米勒校长指出，美国的很多高校依赖于学费生存，因此学生越多，学校的总收入就越高。欧林工学院的财政模式与美国其他的高校不同——学生都领取全额奖学金，因此欧林工学院的学生越多，学校的总支出越高，争取捐赠经费的压力就越大。据估算，每增加一个学生，需要增加 100 万美元到 200 万美元的捐赠（曾开富、王孙禺，2011）。因此，可以认为欧林工学院培养学生的边际成本在 100 万美元到 200 万美元之间（曾开富、王孙禺，2011）。

其中，第一个特点对于美国乃至全球高等教育的改革尤为重要。从某种意义上说，欧林工学院重新定义了本科工程教育和高等教育。自近代大学产生以来，学科建制和科学研究都是大学的内在属性。近代以来的高等教育史表明，很少有不设院系的高等教育机构，而开展科学研究则成为高等教育区别于基础教育、中等教育的一个标志。欧林工学院却没有学科建制和科学研究，而且这种改革在实践中延续下来，因此可以说欧林工学院重新定义了本科工程教育和高等教育。从这一角度来比较欧林工学院和麻省理工学院，前者是以项目教学（Projects - Based Learning，PBL）为教学的"DNA"的，后者是以学科教学（Subjects-Based Learning，SBL）为标志的。

5.2　美国工学院改革行动的总体情况

美国研究委员会及美国工程院发布的关于工程教育的报告中共 105 处推广院校的改革行动。进一步研究可以发现，其中 103 处是较为聚焦、具体的改革行动，共涉及 63 所美国工学院。为了更清晰地认识这这 63 所美国工学院的改革行动，表 5-5 按照关键词来分析。

表 5-5　63 所美国工学院的改革行动

院校名称	改革内容	关键词
麻省理工学院	确立新一代工程师培养标准	《美国制造》、新一代工程师、人才培养目标
	工学院战略规划	工学院、战略规划、学院文化氛围
	建立工程系统部	系统观点
	改革路径多元化	工程教育、改革模式多样化、新兴教育哲学
	信息技术与工程教育	开放课程、信息环境
	戈登领导力项目	工程领导力、产品研发、概论性课程、动手实践项目、工程设计、导师制、效能量表
	伦理学与工程安全课程	案例分析、工程设计、真实系统
	本科新生 Terrascope 学习共同体	大一新生、解决复杂问题、团队动手项目

续表

院校名称	改革内容	关键词
卡内基梅隆大学	工程概论课程	工程概论、问题解决、动手实践、工程设计、真实的工程
	少数人群的工程教育	少数人群、工程教育
德雷塞尔大学	促进工程教育（E4）教学计划	大一大二工程教育、系统重构、工程应用与工程原理相融合
伊利诺伊理工大学	工程伦理工作坊	贯穿课程的伦理、教师工作坊、案例分析
	“特色教育”教学计划	多对多教学、企业专家、企业问题解决、创意工场、技术环境
科罗拉多大学博尔德分校	改变话语方式	招生宣传、工作坊、少数人群
	大一工程项目教学计划	大一、工程设计、项目教学
	“创新与发明”课程	创业、跨学科团队、企业急需
欧林工学院	基于项目设计的本科工程教育改革	工程设计、项目教学、工程教育保有率、自主学习、真实问题、跨学科、团队学习、免学费、院校合作、创业教育、脚手架角色、表现艺术、问题教学
普渡大学	工程项目与共同体服务（EPICS）教学计划	服务共同体、服务式学习、交流技能、团队技能、工程教育保有率
	新建工程教育系	工程教育系
	合作教育	实习、合作教育
	工程伦理教学	反思、互动、伦理教学
佐治亚理工学院	少数人群	女性工程师、黑人工程师、双学位
	认知学徒	问题解决、团队教学、特色教师
	纵向整合项目（VIP）教学计划	大团队、多学科团队、纵向整合、长周期教学、工程设计、项目教学
	工程伦理教学	项目教学、工程伦理、背景意识、批判思维、理论能力、创造力、交流能力、合作能力
拉法耶特学院	“工程灾难”课程	工程伦理、案例教学、大一新生
	新设工艺学（Arts）学士学位	工程教育、工艺学（Arts）学士学位
普林斯顿大学	新设工艺学（Arts）学士学位	工程教育、工艺学（Arts）学士学位
哥伦比亚大学纽约校区	新设“3+2”学位	工程教育、科学学士学位、工艺学（Arts）学士学位
奥本大学	工程教育创新技术实验室	工程教育、案例教学、案例开发

续表

院校名称	改革内容	关键词
理海大学	“制造系统”课程	计算机模拟、工程决策能力
	“综合产品开发”课程	Capstone、高阶技能、创业、团队教学、项目教学
	新建“创业、创造与创新研究院”	创业教育
华盛顿大学	项目教学全球网络	项目教学、四川大学、环境研究项目、交换培养
	工程教育推进中心	联合中心、美国高等教育教学中心、改进教学能力
克莱蒙森大学	工程伦理教学	工程伦理、课程、工作坊
	新建工程教育系	工程教育系
约翰霍普金斯大学	工程伦理研讨会	工程伦理、研讨会、案例教学
塔夫斯大学	“服务式项目教学”模式	服务式学习、项目教学、研讨课、无国界工程师、社会公民、善于创新、问题解决者
俄亥俄州立大学	培养具有志愿精神的工程师	工程伦理、服务式学习、共同体导向、工程设计、项目教学、共同体服务工程师
中佛罗里达大学	工程领导力教学计划	工程领导力、社会交往、商业技能、技术能力
匹兹堡大学	春季假期教学计划	亚洲国家、文化技术活动
伊利诺伊大学香槟分校	建立美国职业与研究伦理中心	工程伦理、职业伦理、网络资源、案例开发、工作坊
	本科生科研	实验室科研、激励兴趣
	本科生夏季研究教学计划	工程伦理、案例教学、团队教学
哈维穆德学院	“工程诊所”项目课程	Capstone、工程设计、国际项目、真实工程问题、团队教学、跨学科
	少数人群的工程教育	少数人群、工程教育
密歇根理工大学	创业教育教学计划	创业计划、团队教学、Capstone、真实企业实战
	现象学方法的工程伦理教学	工程伦理、工程师访谈
宾州州立大学	学习工厂	Capstone、工程设计、国际项目、跨学科项目、企业团队
	工程伦理教师教学共同体	工程伦理、教师教学共同体、工作坊、跨学科性、用户中心、教学设计

续表

院校名称	改革内容	关键词
爱达荷大学	企业驱动式工程设计项目教学计划	企业项目、Capstone、设计展览会、爱达荷工程工厂、研究生助教
犹他大学	SPIRAL 工程教育	以学生为中心、积极学习、Capstone、项目学习
西弗吉尼亚大学	“建筑能源”工程教育教学计划	真实的工程项目、Capstone、团队教学
大峡谷州立大学	合作教育	企业工作能力、合作教育、Capstone、合同制工程设计与工程实施
西北大学	职业生涯发展办公室	合作教育、企业实习、服务式学习项目、研究型实验室实习、工程设计
亚利桑那大学综合理工校区	iProjects 教学计划	跨学科项目、企业合作伙伴、创业实验室、创业班级
杜克大学	美国工程院大挑战学者计划	14 项重大工程挑战、实践教学、项目教学、跨学科教学、创业经历、服务式学习经历
莱斯大学	“超越传统边界”设计课程	工程设计、医学健康、跨学科团队、“有用”发明、实习
	“纳米日本”教学计划	日本暑期项目、实验室研究、跨文化学习
圣塔克拉拉大学	“场地机器人”跨学科教学计划	跨学科、真实世界、动手实践、项目学习、全生命周期工程
加州大学圣迭戈分校	国际化的夏季团队实习教学计划	团队实习、硅谷、国际项目、企业项目计划
马萨诸塞大学艾姆赫斯特分校	多元化教育教学计划	本科生研究经历、少数人群
得克萨斯大学奥斯汀分校	以项目为中心的改革	工程实践、团队技能、交流、教学案例、工程项目库
弗吉尼亚联邦大学	达·芬奇产品创新中心	产品创新、跨学科、领导力、T 型人才、Capstone
阿肯色大学	“工程职业意识”教学计划	工程职业意识、少数人群、工程教育保有率、学习共同体
博伊西州立大学	“工程概论”课程	工程概论、项目教学、真实世界、服务式学习、工程设计
威斯康星大学麦迪逊分校	医学工程实习教学计划	工程实践、真实世界、少数人群、实习
	工程伦理教育	合作教育、案例教学

续表

院校名称	改革内容	关键词
斯坦福大学	工程教育推进中心	联合中心、美国高等教育教学中心、改进教学能力
	有利于创新的环境	工学院、创新的环境、建筑、创新的故事
	有利于跨学科的物理环境	主题建筑、跨学科、风险基金
	生物设计（Biodesign）教学计划	跨学科、工程设计
	“全球工程师”课程	印度项目、关切伦理、卫生保健系统
南加州大学	有利于创新的物理环境	特殊设计的教室、交流与合作
加州大学戴维斯分校	新建工程学生创业中心和工程制造实验室	创业实践、产品样品
加州大学伯克利分校	“计算机科学概论”课程	课程设计、真实世界的问题、团队教学、项目教学
伦斯勒综合理工学院	创新网络	创新网络、孵化器、位于乡村的大学
堪萨斯州立大学萨利纳分校	学位制度	工程学位、工程技术学位
罗切斯特理工学院	合作教育	工程教育、合作教育
德州农工大学	工程创业教育计划（E4）	工程教育、创业教育、产品样机、商业化
蒙大拿州立大学	校内工程实践	位于乡村的大学、工程实践、校内合作教育
杨百翰大学	国际化的合作教育	工程教育、合作教育、柬埔寨、全球化
学徒学院	学徒项目	工匠教学、工程技术学位
伍斯特理工学院	重大问题研讨班	工程重大挑战、研讨班、项目教学、团队教学
	“人文工程”课程	工程伦理、大一课程、角色扮演、项目教学
康奈尔大学	洪都拉斯水处理工程教学计划	洪都拉斯、工程设计、项目教学、交换学习、全球视野
佛罗里达大学	夏季项目教学计划	高中毕业生、工程教育、少数人群、夏令营
亚利桑那州立大学	新建“纳米技术与社会”研究中心	工程伦理、纳米技术与社会
加州大学圣芭芭拉分校	跨学科研究氛围	跨学科研究
弗吉尼亚大学	工程伦理教育	工程伦理、毕业设计、Capstone、研究论文

续表

院校名称	改革内容	关键词
美国东北大学	工程伦理教育	工程伦理、生命周期、案例教学、合作教育
辛辛那提大学	软件工程伦理教育	软件工程、工程伦理、非课堂式教学、知识产权、团队教学
加州综合理工大学	“伦理学：工程师的哲学史”课程	工程伦理、西方哲学史、航空工程系
科罗拉多矿业学院	工程教育推进中心	联合中心、美国高等教育教学中心、改进教学能力
	“企业社会责任”课程	工程伦理、社会科学、工程实践、真实项目、团队教学
	“自然与人文”课程	工程伦理、大一课程、真实世界工程项目、谈判与调停技能、工程决策
	工程问题定义、解决与宏观伦理	工程问题定义、工程问题解决、宏观工程伦理
美国海岸警卫队军官学校	工程领导力与工程伦理	工程领导力、工程伦理、课程教学、案例分析
得克萨斯州立大学	工程伦理教育区域联盟	工程伦理、区域联盟、在线课程、纳米技术

从改革行动来看，63 所美国工学院普遍地推进了教学内容和教学方法两个方面的改革。其中，教学内容上在工程与人文的融合过程中形成了工程伦理方向，在工程与商业的融合过程中形成了价值创造（或工程创业）方向。工程伦理、价值创造（或工程创业）已经成为本科工程教育的支柱。换言之，同时具有工程伦理和价值创造（或工程创业）的美国本科工程教育才是新兴的美国本科工程教育，否则还只是传统美国本科工程教育。工程伦理与价值创造（或工程创业）作为支柱性要素，同传统美国本科工程教育一起，构成广义本科工程教育。由于教学内容上的变化，适应新内容的归纳式教学方法和教学设计得到广泛推广。

5.2.1 工程伦理、价值创造（或工程创业）与广义工程教育

5.2.1.1 工程伦理

在 63 所美国工学院中，至少有 20 所明确地使用了“工程伦理”概

念。自 20 世纪 90 年代以来，美国自然科学与工程领域的伦理教育得到快速发展。1992 年，美国医学研究院要求医学院的教育包括医学研究伦理教育。2010 年，美国自然科学基金委员会要求其所资助的项目必须设计教学环节，在本科教育、研究生教育和博士后学者中对研究过程中所涉及的责任与伦理进行教学。与医学高等教育和自然科学基础学科教育相比，本科工程教育中的工程伦理教育发起得更早。1985 年，ABET 工程教育认证标准中已经要求“理解工程职业的伦理特征”。1997 年，ABET 工程教育认证新标准 EC2000 则规定，本科工程教育毕业生必须证明自身“对职业责任、伦理责任有深刻的理解”。根据 EC2000 的标准，ABET 在执行工程教育认证时会对学生的职业伦理教学效果做出评估。美国职业工程师协会（NSPE）制定了成文的《工程师伦理守则》，详细规定了美国工程师应遵守的基本伦理原则、实践规则和职业责任等。根据守则，美国工程师的基本伦理原则包括：以公众的安全、健康和福利为最高准则；只在自身具有竞争力的领域提供服务；只能以客观、真实的方式发布公共消息；忠诚于雇主或客户；避免不诚实的行为；合乎道德与法律要求，自豪地、负责任地履行工程师的职业责任，维护工程师职业的荣誉、声誉和有用性（National Society of Professional Enigneers，2007）。

美国工学院一般将工程伦理分为微观伦理和宏观伦理两种。微观伦理主要是指工程活动中的个体和内部关系，宏观伦理则更多关注工程活动中的集体社会责任和与技术相联系的社会决策。宏观伦理的目标是通过本科工程教育帮助实现社会正义，从社会共同体的整体利益出发做出工程决策（National Academy of Engineering，2016）。总体来看，微观伦理和宏观伦理都是美国工学院工程伦理教学的重点。美国工学院在关于工程伦理教学方面已经取得了两个重要共识。

第一，工程伦理不是工程学科的枝节或者附属，而是工程实践和解决工程问题的基本视角和方法。安全、环保等工程伦理已经成为基本的工程规范和工程标准（National Academy of Engineering，2003）[117-123]。基于这一共识，美国工程院、美国自然科学基金委员会大力推进工程伦理的教学，在63所美国工学院中有至少20所涉及工程伦理教育。

第二，工程伦理教学的责任主体应该是本科工程教育界的教师，而不是伦理学、人文学领域的教师。简言之，工程伦理首先并且主要属于本科工程教育，然后才属于伦理教育。美国工学院之所以有这种认识和实践，是因为工程学的教师更经常地接触工程学科的学生，能够更生动、更及时地进行工程伦理的传授（National Academy of Engineering, 2003）[117-123]。基于这一共识，在本书所分析的工程伦理教育的案例中，由人文学者主导教学的不到10%。正因如此，工程伦理教学的目标是培养工程师的职业伦理，而不是培养伦理学专业人员。

从教学内容来看，美国工学院工程伦理教育的内容都同专业相结合，从而富有特色。

第一，伊利诺伊大学香槟分校工程伦理教育的主要内容是教学生解决伦理问题的一般性方法，具体包括：界定利益群体及其权力、期望、诉求和责任；建立行动方案；依据伦理价值评估行动方案。所谓的伦理价值包括诚实、公平、信任、礼仪、尊重、善良等价值观（National Academy of Engineering，2016）[117-123]。

第二，威斯康星大学麦迪逊分校工程伦理教育的主要教学内容是工程伦理方法，包括成本效益分析、功利主义分析、公共性分析、可逆性分析、通用性分析、权利伦理分析、道德推理分析、专业主义分析等（National Academy of Engineering，2016）[117-123]。

第三，美国东北大学的工程伦理教学包括四个方面：工业废物的处理和环保影响；工业产品生产原材料的选择；涉及工业产品生命周期中的环境、能源等方面工程伦理政策的制定；工业产品的消费环节伦理问题（National Academy of Engineering，2016）[15-16]。

第四，拉法耶特学院“工程灾难”课程讨论自然灾害（如地震）、工程灾难（如核设施和航空事故）、工程伦理冲突（如将工程技术用于恐怖主义）等。课程的教学目标是讨论形成工程灾难的人文因素、经济因素、社会因素、安全因素和环境因素等；工程实践活动中的伦理认识与伦理行为；工程决策如何导致系统性的灾难（National Academy of Engineering，2016）[22-23]。

第五，辛辛那提大学的软件工程本科专业的工程伦理教学安排在合作教育完成以后，学生根据教师设计的工程伦理问题进行反思和回顾，然后进行团队研讨。工程伦理问题共包括两大部分，第一部分是工程的职业伦理，第二部分是软件工程师较多涉及的知识产权问题（National Academy of Engineering，2016）[17-18]。

第六，麻省理工学院的“伦理学与工程安全”课程着重围绕工程安全研讨工程伦理问题。课程从风险讲起，然后引导学生就工程安全的典型案例进行案例分析，最后学生需要运用工程技能和工程伦理知识在一个真实系统中展开工程设计。真实系统的种类包括电力系统、汽车系统、血库、空中交通系统、无人机系统、机器人系统、医学设备等（National Academy of Engineering，2016）[19]。

第七，克莱蒙森大学的工程伦理教育包括课程和工作坊两种形式。课程主要针对学生，工作坊主要针对教师。克莱蒙森大学遗传学系和生物化学系对本科高年级学生都有职业发展技能的学分要求，其中很大一部分是关于工程伦理的。具体包括实验室运行、学业指导、实验记录、同行评议、研究伦理等（National Academy of Engineering，2009b）[18]。

总体来看，工程伦理教育的教学内容一般都涵盖在美国职业工程师协会（NSPE）的《工程师伦理守则》之内。正因为工程伦理教育的教学由工学院来完成，因此其教学内容是极富院校特色的。同时，美国工学院的工程伦理教学在教学内容安排上有两个特点：一是教学内容所涉及的知识点很广，但都主要研究工程与人文的关系，重点考虑工程活动对人与社会的影响；二是伦理教学与工程实践活动紧密联系，在本书所涉及的 20 个工程伦理教育案例中，几乎没有案例脱离工程实践活动进行抽象的伦理学教学。

根据上述案例介绍可以看到，工程伦理这一概念的中英文词包含不同的内涵。美国工程院报告和美国工学院所谓的“engineering ethics”翻译为中文为“工程伦理”。从语用习惯和教学内容可以看到，“engineering ethics”词组中的“ethics”在意蕴方面远远大于中文的“伦理”。美国工学院的工程伦理是全面研讨工程与人、工程与社会的一个领域，是工程与人文、工程与社会科学紧密结合的结果。

工程伦理的教学既包括课堂教学，也包括案例研讨、项目教学等。关于教学设计，在后文将会深入讨论。除了课程与项目教学活动以外，很多院系有其他较有特色的改革举措。这里列举院系层面除了课程与项目教学之外的、富有特色的工程伦理教学活动。

第一，建立工程伦理的教学与研究专门机构。2010 年，伊利诺伊大学香槟分校在美国自然科学基金委员会的资助下建立了“美国职业与研究伦理中心”，主要研究在科学、数学、工程领域的职业伦理问题。“美国职业与研究伦理中心”建立了名为 Ethics Core 的网络资源，通过案例、工作坊等形式研究工程伦理问题（National Academy of Engineering，2012b）[12]。

第二，设立工程伦理工作坊。伊利诺伊理工大学的“贯穿课程的伦理”工作坊起源于 1976 年该校关于工程伦理的研究。1991 年，伊利诺伊理工大学开设了“贯穿课程的伦理”工作坊。该工作坊主要面向学校的教师，组织教师研究如何在大学课堂中传授工程伦理（National Academy of Engineering，2003）[117-123]。

第三，工程伦理教育区域联盟。得克萨斯州立大学牵头，得克萨斯大学泰勒分校和密歇根大学参与，建立了以纳米技术为核心、名为 NanoTRA 的工程伦理得克萨斯地区联盟。该联盟共开设 2 门在线的工程伦理课程，然后形成了若干个工程伦理教学模块，并植入 18 门课程中。这 18 门课程既包括技术性课程，又包括非技术性课程（National Academy of Engineering，2016）[41-43]。

第四，工程伦理教学共同体。宾州州立大学针对工程伦理教学组织教师教学共同体，其主要活动形式是主题工作坊等。该共同体的活动有三个特征：一是跨学科性，即由校内哲学领域和工程领域的教师合作组成团队；二是以用户为中心，针对工程学科教师在工程伦理教学中面临的实际需求和挑战，交流工程伦理教学的技能；三是贯穿工程伦理教学的所有课程，教学共同体的活动包括大一研讨课、高年级 Capstone 设计和研究生课程等（National Academy of Engineering，2016）[49-50]。

总体来看，上述四个富有特色的工程伦理教学活动是着重从教学的主体——教师和学生的角度入手提高工程伦理教学效率的。

5.2.1.2 价值创造（或工程创业）

美国工学院教育改革的另外一个共同特征是更加强调工程与商业的结合。2013 年前后，美国工程院针对制造业问题发起了“制造、设计与创新”研究项目。经过广泛地研讨，该项目把美国制造业的战略核心确定为“价值”。该项目于 2015 年发布了最终报告，题目为《为美国制造价值：拥抱未来的制造、技术与工作》（*Making Value for America: Embracing the Future of Manufacturing, Technology and Work*）。根据该项目的研究，美国制造业要从制造物品（making things）向制造价值（making value）转变。该报告认为，在经济全球化背景下，美国应当在全球范围内布局产业要素——资源、能源、原材料等可以通过全球市场的交换来获得，技术和劳动力可以外包给成本更低的地区。因此，对美国全球竞争力而言，最重要的不是制造物品，而是制造价值。由此，制造业的关注焦点要从产业链向价值链转变。该报告对美国教育部门提出的建议是，工程教育要教给学生如何认识价值链、如何抓住最有价值的要素；要让学生拥有更多团队式的设计经历，要让学生学会使用新的工具创造新的商业形态。根据这种观点，美国本科工程教育强调培养创新与创业能力、全球领导力。在 63 所美国工学院中，至少有 20 所工学院的改革强调面向企业、面向市场办学。

在创新与创业教育方面，较有特色的案例包括以下八个。

第一，科罗拉多大学博尔德分校的“创新与发明”课程。该课程由教学融合实验室开发。该课程为学生引入了创业概念，重点培养学生建立跨学科团队的技能。“2020 工程师”报告认为，这类课程对于应对技术的快速变化具有重要的意义，是企业所急需的课程（National Academy of Engineering，2005）[44]。

第二，欧林工学院和密歇根理工大学设立了学生创业项目，要求学生团队组建和运作一个真实的企业（National Academy of Engineering，2010a）[11]。以密歇根理工大学创业教育教学计划为例。该计划始于 2000 年。密歇根理工大学认为，所有学生在毕业之时都应该具备自己开办公司的信心、技能和能力。密歇根理工大学还认为，领导力、创业精神、交流能力、伦理、创新、全球化等不应限定在某一门或者某几门课程中，必须贯穿到整个培养过程中。因此，创业教育教学计划吸收从大二到大四的学生参加，将学生组成创业团队开展实战化的企业运作。项目综合采用 Capstone 和 Course（或 Curricular）形式。学生团队按照真实企业的场景进行运作，学生分别扮演项目负责人、主席、CEO 等角色。学生团队是长期的甚至是永久性的，即团队建设的目标不止于项目，而是希望团队在大学毕业以后仍然能够紧密合作和运行。学生的项目学习经历也是长期的，在大二至大四的 3 年时间里有很多机会参加项目（National Academy of Engineering，2012a）[9]。

第三，理海大学的“综合产品开发”（Integrated Product Development，IPD）课程。该课程针对产品开发的三大支柱——工程、商业与设计进行教学，其教学目标是教会学生具备完成以下任务的能力：确认和定义技术问题及其关键的技术要素、商业要素；在全球化的商业与文化背景下针对问题设计解决方案；论证创业方案；参与或领导一个跨学科的产品研发团队；采用书面、口头和图表形式进行沟通；在产品研发过程中解决美学、人机工程学的问题；为产品或工艺过程设计出相应的价值表述方式；设计、创造和评价技术可行性研究方案、经济可行性研究方案；管理人力资源和财力资源；在产品研发的过程中合理使用分析模型、数据模型、虚拟模型和物理模型等。2010 年，理海大学建立了“贝克创业、创造与创新研究院”，负责全校的创业教育。“贝克创业、创造与创新研究院”设立了校外咨询委员会和校内课程与项目指导委员会（National Academy of Engineering，2012a）[8]。

第四，亚利桑那大学综合理工校区的 iProjects 教学计划。该教学计划由技术与创新学院（CTI）于2008年设立。技术与创新学院的所有本科生均可参加。学院为 iProjects 教学计划进行了系统的设计：以跨学科项目为主，综合运用课程中的项目经历；培养学生的团队工作和项目管理能力；从数十家申请企业中选择合作伙伴；改造物理空间使之适应工作室和实验室，新建了“创业实验室”，使学生能够把想法转变为项目；聘用了专职的导师负责学生项目的实现和为教师提供了工作坊；建立了可持续的基金资助模式；建立了全新的项目班级，名为“开始你的创业”。

第五，弗吉尼亚联邦大学的“达·芬奇产品创新中心”。该中心由艺术学院、商学院和工学院于2007年合作建立。建立该中心的目的包括：引导学生以产品创新为事业；通过艺术、商业、工程、人文和科学的跨学科融合推进创新；作为弗吉尼亚联邦大学推进创新和创业的一个源泉。达·芬奇产品创新中心的首要目标是在真实环境中通过真实问题的研究与实践来培养学生的分析技能、创造技能和团队技能，从而使其具备领导力。达·芬奇产品创新中心的所有项目都需要从跨学科角度创新，由此，该中心的人才培养目标确定为“T型”人才，即所培养的人才既有某一专业学科的深度知识，又有创新活动所需要的广度知识（National Academy of Engineering，2012a）[25]。达·芬奇产品创新中心本科教学的核心内容是一个 Capstone 项目。该项目由企业资助，由学生组成团队在学校导师的指导下完成。企业指定一个项目代表负责项目教学。项目的教学效果评价主要由组成中心的艺术学院、商学院和工学院教师及企业代表完成。2012年，从企业经理的反馈来看，所有的企业都表示将继续资助达·芬奇产品创新中心的项目。

第六，佐治亚理工学院的“纵向整合项目（VIP）”教学计划。该计划于2009年启动，是一个针对本科生的工程创业设计计划。该计划要求学生将教师的研究成果开发为产品。纵向整合项目（VIP）教学计划的学生团队有以下几个特征：规模大，每个团队有 10 至 20 名本科生；多学科，参加 VIP 团队的学生来自佐治亚理工学院的各个专业；纵向整合，学生从大二到大四都可以申请加入项目；长周期，每位本科生最长可以参加为期 3 年的项目。之所以组织 10 至 20 人的团队并且按照纵向组织，是因为佐治亚理工学院希望 VIP 团队按照一个真正的小型工程设计企业进行运作。在 VIP 团队中，大二学生主要承担入门性质的工作并向高年级学生学习相关专业技能，大三大四学生则主要在研究生和导师的指导下进行专业的工程工作。佐治亚理工学院计划每年至少组织 100 个 VIP 团队、1500 名以上的本科生参加纵向整合项目，确保每个专业都有至少 1 个纵向整合项目（National Academy of Engineering，2012a）[26]。

第七，加州大学戴维斯分校建立了工程学生创业中心和工程制造实验室两个新机构来推进创业教育。这两个新机构帮助学生像一个创业者一样去实践，把创业想法做成产品样品。工程学生创业中心和工程制造实验室具备金工车间和样品生产设备等，学生可以完成 3D 打印（National Academy of Engineering，2015）[72-73]。

第八，德州农工大学设立工程创业教育计划（E4）。该计划由电子与电信工程技术专业设置。根据工程创业教育计划（E4），当地企业走进教室，同学生一道把产品想法转变为样机。企业均是当地的，因此学生有充分的机会参与到后续的商业化进程中。美国工程院的报告分析指出，相较传统的实习或者合作教育，工程创业教育计划（E4）让大学对教育过程有更多的掌控。同时，这种模式也比传统的大学课程更有利于开展工程创业教育（National Academy of Engineering，2016）[67]。美国工程院提出，工程创业教育计划（E4）有效地改进了传统的实习和合作教育。

前文已经提及，“创新”一词在美国工学院的话语方式中更多的是经济学意义，“创业”一词则更多指向冒险精神、开拓意识等。从上述八个工学院的改革行动来看，美国工学院非常注重培养学生的工程实现能力，即将想法通过工程活动变为样品、产品和商品，最后实现价值的能力。在创新与创业的过程中，除了强调创业精神以外，还强调领导力、团队工作能力、交流能力等多维的高阶技能。

5.2.1.3　广义工程教育与理工模式的改革

从上面的典型案例中可以看到，近年来的美国工学院本科工程教育改革行动一方面强调工程伦理，另一方面强调价值创造。根据改革派欧林工学院的观点，忽略工程伦理与价值创造的工程教育是一种狭义的工程教育，这种工程教育只能培养传统的工程师，未来的工程活动和工程教育都应该是广义的。

根据广义工程教育的观点，从人的需求到市场产品，经历了一个长周期的过程（见图 5-3）：人类在生产生活中产生、发现、提出问题，并据此提炼出观念，把观念进一步具体化，依据工程的设计形成工程的初步产物——原型，将原型进一步开发形成产品，并开拓市场，把产品投入市场赢得经济效益和社会效益，以效益支持工程教育的可持续发展。传统、狭义的工程教育主要是对人类抽象观念的具体化，是一种设计过程，是对产品原型的创造，而在工程前期环节缺乏对工程教育的社会背景的认识，在后期环节缺乏对工程教育的商业背景的认识，只对应于图 5-3 中的中间环节。广义的工程教育不局限于设备、机械、过程和系统等要素本身，而是涵盖从人到市场的全过程。因此，广义工程教育既包括传统、狭义的工程教育，也包括前期对工程教育的社会背景的认识和实践，还包括后期对工程教育的商业背景的认识和实践，涵盖了图 5-3 中的所有环节（曾开富、王孙禺，2011）。

5.2.2　以归纳式教学为主的教学革命

毫无疑问，教育教学改革都要通过教学活动来实现。前文已经提到，在欧林工学院的改革设计中，把项目教学作为重要改革，项目已经成为欧林工学院的“DNA”。那么，项目教学的教学论依据是什么？在美国其他工学院中是否得到广泛应用？

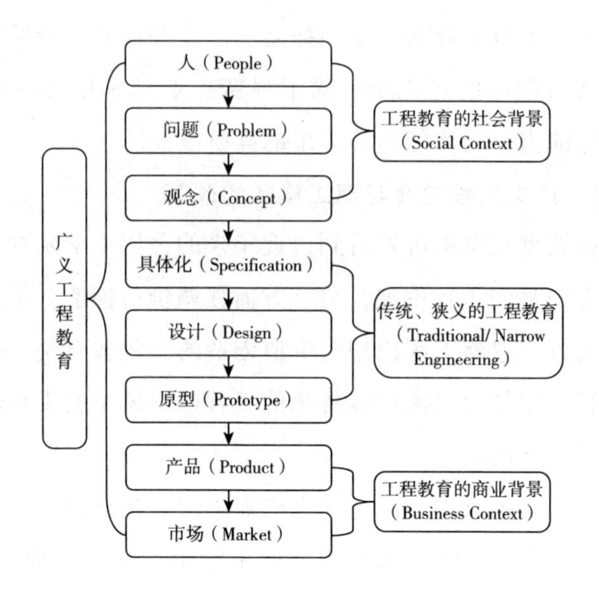

图 5-3　广义工程教育与传统狭义工程教育之间的区别

美国本科工程教育正在发生范式的转变，从演绎式教学向归纳式教学转变。在本科工程教育活动中，传统的演绎式教学一般按照讲授基本原理—建构数学模型—应用数学模型的顺序开展教学：首先在课堂上讲授基本原理，然后根据基本原理建构数学模型，接下来验证模型的适用性，课后布置作业让学生熟练掌握模型的应用，最后通过考试来检测学生是否能够应用模型。根据归纳式教学的观点，对科学与工程基本原理的学习应当以真实世界的实践经验为前提。因此，归纳式教学的教学顺序一般是先接触或参与真实世界中的实践，然后依据生动、丰富的实践经验"归纳"出基本工程原理。可以看出，演绎式教学以课堂讲授为主，归纳式教学以经验学习为主。研究性学习、基于问题的学习、基于项目的学习、案例教学、发现式学习、及时教学等都属于归纳式教学的范畴。

在本书所涉及的 63 所美国工学院中，超过 50 所工学院采用了项目教学、案例教学等归纳式教学方法。其中，尤以项目教学居多，很多工学院都设立了与欧林工学院类似的 Capstone 环节。其中典型的项目教学改革行动包括以下五个。

第一，普渡大学、塔夫斯大学、俄亥俄州立大学等多所工学院发起“服务式学习”。

1995 年，普渡大学开始实施“工程项目与共同体服务”（Engineering Projects in Community Service，EPICS）教学计划。该教学计划由学生组成跨学科团队为当地或全球的非营利性组织设计跨学科的问题解决方案。该教学计划致力于设计出能有效工作、易于维护的工程产品，并配套有相应的使用手册等。所有的本科生都可以参加该教学计划（National Academy of Engineering，2012a）[35]。该教学计划的教学目标包括：应用某一学科的知识解决共同体面临的问题；将设计活动理解为一个全周期过程；在问题解决的过程中学习新知识；了解客户的需求；作为多学科团队的一员开展工作并做出贡献；与不同的对象沟通交流；遵守工程伦理与承担职业责任；理解工程的社会背景。研究表明，参加普渡大学 EPICS 教学计划的学生中，80%的学生认为自己的设计技能、交流技能、团队技能和共同体意识得到了显著提升；70%以上的学生认为自己的技术水平、组织技能等得到了提升。团队技能、交流技能等被学生认为是最有价值的技能。“2020 工程师”报告认为，EPICS 教学计划把学生带入真实世界，教学生定义一个工程问题并设计相应的工程解决方案。EPICS 教学计划的社会反响很好，工业界和美国自然科学基金委员会都积极支持。在 2004 年前后，EPICS 教学计划先后被推广到附近的 7 所院校。美国工程院的报告指出，EPICS 教学计划的经验可以被定义为“服务式学习”（Service Learning）。美国工程院认为，“服务式学习”能够有效提高美国本科工程教育的参与率和保有率（National Academy of Engineering，2005）[42]。

塔夫斯大学提出，要将工程师培养为积极的社会公民和善于创新的问题解决者，在教学环节强调工程师所应具有的共同素养、共同优势和面临的共同挑战。塔夫斯大学工学院同公民与公共服务学院、环境研究院等院系合作，采用“服务式项目教学”模式，培养本科生的创新、团队工作、跨学科合作和领导能力。课程的形式有多种，包括导师指导的高级项目课程、全校范围的“全球领导力”高级研讨课等。学院也鼓励学生加入各类国际国内组织，例如“无国界工程师”等。塔夫斯大学本科工程教育能取得成功，有以下几个支持性因素：院校投入，大学文化，有效管理，有效领导，及时评价、反馈和宣传（National Academy of Engineering，2010b）[24]。

俄亥俄州立大学提出，培养具有志愿精神的工程师是大学的责任。为此，本科工程教育要强调伦理和专业主义，要为学生创造更多的动手实践志愿活动机会，要推进服务式学习，开发具有共同体导向的设计项目。俄亥俄州立大学很多工程课程被认为是工程伦理教育的典范：有的课程要求基于共同体的需求完成项目设计；有的课程要求就一项全球议题完成项目设计；有的项目研究企业的公民责任，调研工程志愿项目，评估伦理模式等。俄亥俄州立大学建立了学生组织“共同体服务工程师”。该组织建立和参与了很多社会服务项目，在俄亥俄州立大学具有很大的影响（National Academy of Engineering，2010b）[25-26]。

第二，哈维穆德学院设立“工程诊所”项目课程。

哈维穆德学院的“工程诊所”（Engineering Clinic）项目课程始于1963年。该项目课程为哈维穆德学院所有工程专业本科生提供了Capstone设计经历。为什么叫“工程诊所”？这是借鉴临床医学的经验。在临床医学上，资历欠缺的年轻医生接诊病人的过程受到医院严格的监管和指导。哈维穆德学院认为，工程实践和医学实践在其实践属性方面是一致的。因此，学院建立起“工程诊所”项目课程。该项目课程由真实企业提供真实的工程问题，学校和企业组成联合的指导团队合作指导。每年还会有1至3个国际项目，由哈维穆德学院国际合作伙伴（包括跨国企业和国外大学）提供真实的工程问题。每4至5个学生组成一个项目团队进行工作，其中大三大四学生全年参加项目、大一大二学生可以只在某一学期参加项目。学生全面负责项目的运作，包括团队管理、计划制定和资金管理等。对“工程诊所”项目课程的统计表明，60%—65%的项目由工程院系完成。绝大多数项目是跨学科性质的，因为哈维穆德学院的一个传统是授予通用型的、非专业化的工程学位（National Academy of Engineering，2012a）[7]。

1963 年以来的 50 余年里，哈维穆德学院一共完成了 1400 多个“工程诊所”项目。近年来，每年有 23—26 个工程领域的项目、10 个左右的计算机科学项目、5 个左右的物理学与数学项目、若干个跨学科项目。根据“工程诊所”项目课程的教学设计，学生将会学习如何解决重大的、开放性的问题，将会学习新的技术技能和应用已掌握的专业技能，将会同资助方、供货商等互动，将会进一步提高团队工作能力、领导能力、口头陈述和书面写作能力等。调查表明，很多学生认为“工程诊所”项目课程是其整个受教育经历中最具影响力的项目。资助者也对该项目课程较为满意。采用 5 分制评分，95%以上的资助者给予了 4 分以上的评分。60%—70%的企业选择连续资助“工程诊所”项目课程（National Academy of Engineering，2012a）[7]。

“工程诊所”项目课程的评价主要依据 ABET 对工程教育的 11 条标准。与此同时，“工程诊所”项目课程还确立了自身的 3 条标准——确保项目的高质量、确保项目对资助者有价值、确保项目资金的增值。依据上述原则，“工程诊所”项目课程的教学评价采用包括 35 道选择题和 4 道开放式题目的量表。教学评价结果表明：学生为参与项目而做了很充分的准备，能够正确应用工具、技术，能够有效参与多学科团队工作，能够令人印象深刻地展示项目成果，项目资助企业对成果也很满意。教学评价结果表明还需要改进之处包括：学生在展示成果时应具备更多的热情，项目初期的目标和最终形成的成果有很大的不一致，学生还需要更好地表述工程成果的社会影响。教学评价也有助于各方在资金、设备等方面加大投入。

“工程诊所”项目课程在 50 多年的时间里已经形成了自我可持续发展状态。项目课程每年从资助企业获得超过 100 万美元的资金资助。其中，1/3 的资金付给哈维穆德学院，1/4 的资金用于项目材料费和差旅费，还有 1/4 的资金用于人员工资，剩下的资金主要用于课程开发和设备升级等。“工程诊所”项目课程设立主任、副主任。主任全面负责项目建设，副主任主要负责项目资源的引进。2012 年，项目的企业资助标准为每家企业 47000 美元，企业获得的权利包括参加每周一次的电话会议，获得所资助项目的原型机、知识产权等。很多企业把项目资助作为其人力资源建设计划的一部分。统计显示，2012 年的项目资助企业中，60%为成熟企业，23%为国家实验室，10%为创业企业，5%为其他学术机构，2%为基金会（National Academy of Engineering，2012a）[7]。

第三，宾州州立大学分类推进“Capstone 工程设计”教学计划。

宾州州立大学的“学习工厂”（Learning Factory）Capstone 工程设计教学计划始于 2007 年。该教学计划包括国际项目和跨学科项目两类。

国际项目由全球各地的工程师模拟跨国企业的项目运作和团队运行。国际项目设立了 5 个教学目标：理解工程活动在全球背景下的经济、环境、社会影响；理解文化和伦理的多样性并且发展适应文化、伦理的能力；学会在跨国团队中有效工作；具备与非英语国家的人们沟通与交流的能力；学会在全球范围内组织和沟通。跨学科项目由工程学科和非工程学科的学生组成企业团队，教学目标包括：学会在多学科团队中有效工作；学会与工程师以外的其他专业人员沟通交流；从多学科中汲取营养并创造性地提出问题解决方案；超越技术与工程问题的思维限制，培养设计理念；理解其他学科的设计理念和设计方法（National Academy of Engineering，2012a）[10]。

宾州州立大学希望两类 Capstone 工程设计教学计划项目的教学效果优于非国际化或非跨学科化的工程教育。为此，宾州州立大学以 ABET 工程教育认证标准为主要原则，由“学习工厂”负责人、企业资助方和指导教师等主体对两类项目进行了持续的评估。评估结果显示，两类项目的教学效果显著优于其他工程教育项目。资助企业也非常满意，很多企业认为资助这样一个项目能够达成企业的多个目标。2012 年，参与资助项目的创业型企业数量同比增长了 5 倍。两类项目的合作伙伴包括企业和国外院校。企业提供项目来源，提供现场访问等。企业每周参加电话会议，提供项目指导。国际项目主要由很多跨国企业提供（National Academy of Engineering，2012a）[10]。

第四，爱达荷大学设计展览会和设立工程工厂来推广 Capstone 设计项目。

爱达荷大学本科高年级跨学科 Capstone 设计项目始于 1991 年。最初，该设计项目只存在于机械工程系，后来被推广到爱达荷大学全部的工程院系。该设计项目目标是把工业界设计与制造环节最好的实践引入本科工程教育，通过企业项目培养学生提高团队技能、交流技能和项目管理技能。同时，通过项目建立良好的校企合作关系。爱达荷大学每年都会举办设计展览会，将 20 多项 Capstone 团队设计项目的成果向公众、校友和企业合作伙伴推广。爱达荷大学为 Capstone 项目投入 6000 平方英尺的设计场地，包括金工车间、项目总装区、先进 CAD 实验室、3D 打印机、研讨室、设计工作室、学生办公室等。爱达荷大学还为 Capstone 设计项目设置了“爱达荷工程工厂”（IEW）。IEW 从硬件、软件、制造和领导力等方面系统培养研究生，这些研究生将作为本科 Capstone 设计项目的导师或者助教（National Academy of Engineering，2012a）[11]。

爱达荷大学 Capstone 设计项目的教学目标包括：引导学生学会自主地开展项目学习；教学生学会通过模仿来实现高效率的设计和不断提高设计质量；帮助学生提高正式交流的技能（包括口头交流与书面交流），以使客户更容易理解和接受设计；培养一批有着良好技术领导力的研究生作为本科 Capstone 设计项目导师。爱达荷大学 Capstone 设计项目的教学评价主要依据 ABET 工程教育认证标准。爱达荷大学各个院系都设置了 ABET 委员会，每年院系 ABET 委员会与项目资助方会共同对项目进行评价（National Academy of Engineering，2012a）[11]。

第五，大峡谷州立大学推进合作教育与 Capstone 工程设计的结合。

大峡谷州立大学将其本科工程教育改革目标确定为“确保本科毕业生真正具备企业工作能力”。为此，大峡谷州立大学从 1987 年开始推进合作教育与 Capstone 工程设计的结合。所有的工程本科生都要参加合作教育。合作教育包括一门预备课程，内容涵盖雇主期望、真实世界的工程伦理案例研究等。然后，学生会进行3个学期的合作学习，合作企业和学校分别有一位导师指导，学生要在3个学期内进行工业现场工作、形成反思性的笔记、在线讨论工程伦理和工程经济学等问题。Capstone工程设计项目的名称是“合同设计与建造”（Contract Design and Build）。Capstone工程设计项目由参加合作教育的合作企业设置跨学科的工程题目，由工学院和企业两方分别安排导师指导完成项目。Capstone工程设计项目完成以后，企业会将项目成果投向市场并获得市场反馈。因此，Capstone工程设计项目不仅对工程产品、工程流程等提出要求，还需要制定相应的用户手册并解决用户提出的问题（National Academy of Engineering，2012a）[14]。

大峡谷州立大学的这种合作教育模式广泛应用于校内的各个工程专业，包括计算机、电子、机械、产品设计与制造等各个专业。教学评价主要采用ABET工程教育认证标准。合作教育在设立初期从企业合作伙伴募集到30万美元的资助，每家企业的资助水平最初为7.5万美元左右。近年来，每家合作企业的资助上升到25万美元。负责组织合作教育的是大峡谷州立大学下属的职业发展服务办公室和职业咨询中心。这两个部门负责合作教育企业的遴选、管理、沟通等。大峡谷州立大学总结指出，专门的部门和专门的人员设置，既保障了合作教育的质量，也保障了企业的支持与资助（National Academy of Engineering，2012a）[14]。

上述5个案例是较为典型的项目教学案例。除了上述5个案例中提到的7所院校以外，还有犹他大学、西弗吉尼亚大学、亚利桑那大学综合理工校区、杜克大学、麻省理工学院、圣塔克拉拉大学、加州大学圣迭戈分校、得克萨斯大学奥斯汀分校、弗吉尼亚联邦大学、佐治亚理工学院、伊利诺伊理工大学、博伊西州立大学、威斯康星大学麦迪逊分校、康奈尔大学、莱斯大学、罗得岛大学、欧林工学院、佛罗里达大学、德州农工大学、斯坦福大学等20余所院校明确地以项目为教学的重要单元并设立了Capstone工程设计环节。在这些案例院校中，至少有

10所院校在课程或者毕业环节采用“真题真做”“真题假做”的企业项目教学。“真题真做”的项目教学一般得到企业的资助，企业也因此拥有课程项目中工程成果的全部知识产权。很多院校把企业资助的积极性作为评判项目教学效果的一个标准。其中的逻辑在于，只有好的项目教学才能吸引企业投入人力物力资源，也只有好的项目教学才会有助于企业获得知识产权和人力资源储备。从院校的角度来说，项目教学虽然由企业出题、企业参与指导、企业完成评价，但是教学环节仍然在学校的质量监控之中。也就是说，学校对于不满意的“真题”有否决权。一般而言，院校会对“真题”的教育教学价值做出评判，这是项目教学区别于合作教育、企业实习的一个特点。

围绕归纳式教学方法的推进，很多美国高校建立了相应的配套环境。前文提到的欧林工学院和爱达荷大学都设立了展览会、博览会等推广机制。此外，最为典型的是奥本大学工程教育案例与项目的开发。奥本大学设立了工程教育创新技术实验室（LITEE）。该实验室是由工学院和商学院合建的。建立该实验室的目的在于通过案例教学和动手实践项目推进本科工程教育，提高学生的决策力、领导力、交流能力和问题解决能力等。该实验室的一项工作是本科工程教育案例开发。该实验室同企业合作伙伴对关键问题进行界定，然后将问题带入课堂。机械工程系、管理系、心理系等不同院系的学生合作完成案例的设计，并将其应用于各系的教学中。每一个案例都从教育学角度进行了测试和评估。经过这一过程开发出来的18个本科工程教育典型案例被60所美国院校采用，影响范围超过10000名工程专业本科生。该实验室为1000余名教师设置了工作坊（National Academy of Engineering，2012a）[17]。

5.2.3 全球大挑战与国际视野

从美国工学院的改革行动来看，“全球大挑战”（Global Grand Challenges，GGC）包含两个关键词——“全球”和“挑战”。也就是说，全球大挑战的概念同时反映了美国工学院的国际视野与问题意识。

在美国工程院报告的改革行动中，有两所院校直接围绕美国工程院大挑战学者计划组织教学改革。

第一，杜克大学参与美国工程院大挑战学者计划。

根据美国工程院和杜克大学的设计，杜克大学大挑战学者计划包括五个方面：一是实践教学，包括与全球大挑战相关的独立研究或者项目教学；二是跨学科教学，培养工科学生具备在公共政策、商业、法律、道德伦理、人文、风险管理、医药和其他科学领域工作的能力；三是创业经历，即培养学生把发明转化为创新的能力；四是全球化维度，即培养学生在全球经济中引领创新活动的能力；五是服务式学习经历，即深化学生将工程专业技能用于解决社会问题的动机（National Academy of Engineering，2012a）[18]。

杜克大学大挑战学者计划分为多个子项目，所有子项目都主要面向工学院的本科生。杜克大学设立了大挑战教授咨询委员会、大挑战学者计划委员会等对项目进行日常管理。大挑战学者计划分为两个阶段。第一个阶段是大一大二阶段，这一阶段主要是培养学生参与本科工程教育意识、使学生了解全球大挑战等，学生既可以选修相关的学分课程，也可以参加相关的课外活动。第二个阶段是大二大四阶段。在大三第一学期，学生可以撰写研究计划并提交给大挑战学者计划委员会申请继续参与大挑战学者计划。在大三第二学期，大挑战学者计划委员会根据研究计划等信息确定入选学生名单。入选大挑战学者计划的大三、大四学生需要深入完成相关的工作，参加成果展示、论文汇报等各项工作。参与项目的学生在完成毕业设计之后还应参加全国的大挑战峰会，在峰会上介绍自己的成果。美国工程院很重视大挑战学者计划的评价工作，尤其强调重点在于评价项目的深度。在大挑战学者计划的五个方面中，实践教学和跨学科教学要求深度实现，创业经历、全球化维度和服务式学习经历要求中等深度实现（National Academy of Engineering，2012a）[18]。

第二，伍斯特理工学院设立“重大问题研讨班”。

2007 年，伍斯特理工学院为大一学生开设了“重大问题研讨班”

(Great Problems Seminars，GPS)。该研讨班的教学目标是：教育学生参与当代的重大事件或解决当代社会的重大问题；提高学生的批判思维能力、解读信息的能力和基于证据写作的能力；培养学生的团队工作能力、时间管理能力、组织能力和个人责任意识；为大一学生提供项目经历，为以后的项目教学打下基础。GPS研讨当代最重要的能源、食物、健康等问题，并把美国工程院大挑战学者计划作为重点（National Academy of Engineering，2012a）[31]。GPS的教学分为两个部分。第一部分是课程，主要由教师引导进行重大问题的研讨。第二部分是由3至5名本科生组成团队选择一个更加聚焦的问题以项目形式提供问题解决方案。课程的考核主要是基于论文写作和项目，而不是基于考试。GPS的支出为每年11万美元，全部由伍斯特理工学院预算投入（National Academy of Engineering，2012a）[31]。

除了上述杜克大学和伍斯特理工学院的改革之外，还有6所院校以项目教学的形式在国际化环境中进行工程教育。

第一，华盛顿大学试图建立项目教学全球网络。在华盛顿大学的PBL教学中，最具代表性的一个项目是同四川大学合作的环境研究项目。该项目是面向大四学生的一项本科研究项目，由华盛顿大学与四川大学的本科生合作，对美国东北地区和中国西南地区的水质、污水处理、环保材料、森林生态、生物多样性等展开研究。学生在项目开展过程中也会进行语言和文化的学习。两校的学生分别交换培养一年。华盛顿大学的计划是，通过同四川大学的合作，形成一种项目教学的全球网络，即在全球各个合作机构建立起本科工程教育的多种项目教学（National Academy of Engineering，2005）[150]。

第二，加州大学圣迭戈分校工学院实施了国际化的夏季团队实习教学计划。参加该计划的学生在企业参加典型工程项目的工作10至12周。每2至5名不同学科的学生组成一个跨学科团队。从学生的学科来看，以工学院学生为主，有时也会有MBA、认知科学、视觉艺术等其他专业领域的学生参加。团队实习项目的地点以圣迭戈市和硅谷为主，后来逐渐开发了很多位于中国、德国、印度、以色列、日本、韩国等的国际项目。

第三，康奈尔大学设立了洪都拉斯水处理工程教学计划。该教学计划由师生共同组成团队，研究、设计和开发针对全球贫困地区的水处理技术与设施。通过与非政府组织合作，康奈尔大学学生在洪都拉斯设计了6家水处理工厂。这些工厂每天解决32300人的安全饮水问题。该教学计划是从共同体建设的角度来进行的——康奈尔大学师生从水质、经济、运行、管理等多个角度进行水处理工厂的设计。该教学计划还为洪都拉斯的中小城镇建立起了管理制度，培养管理人员。由此，该教学计划形成了一套适用于洪都拉斯的、成熟的水处理技术。康奈尔大学总结指出，洪都拉斯水处理工程教学计划的教育意义在于使学生形成了全球视野。总计有超过100名学生到洪都拉斯交换学习。该教学计划取得了良好的社会效果，因此吸引了很多学生到康奈尔大学学习（National Academy of Engineering，2012a）[32]。

第四，莱斯大学建立了“纳米日本”教学计划。莱斯大学认为，日本拥有全球最先进的纳米技术研究，因此将本科生送到日本完成12周的暑期项目。该项目在大一大二期间进行，主要培养本科生的跨文化工作能力和对纳米科技的兴趣。该项目的前3周主要是在日本进行语言和文化学习，然后学生被派往日本的各大学实验室开展研究（National Academy of Engineering，2012a）[33]。

第五，杨百翰大学开展国际化的合作教育。该校制造工程技术专业的合作教育选择在柬埔寨的一家小型制造企业中进行。学校付费进行合作教育，以实习为主。美国工程院报告指出，在柬埔寨的合作教育带给学生一种全球化观点，尤其是使学生认识到发展中国家的企业如何运作（National Academy of Engineering，2016）[68]。

第六，斯坦福大学开设“全球工程师”（Global Engineers' Education，GEE）课程。该课程主要引导学生为印度农村解决卫生保健问题。全球有26亿人口面临卫生设施匮乏的问题。GEE课程着重通过建设和改造厕所来帮助印度系统地解决卫生问题。GEE 课程的教学安排主要是每周两个课时的讲授，然后每周定期同印度的合作者进行 Skype 会议和课程的组会。课程采用“关切伦理”（Care Ethics）的方法。也就是说，在 Skype 会议、文献阅读、讨论的基础上，邀请学生和印度农村社区的成员表述自己的“关切”(包括价值观、目标和期望等)，然后根据这些“关切”设计问题解决方案（National Academy of Engineering，2016）[30-31]。

从上述 6 个案例可以看出，美国工学院开发了很多国际环境、全球大挑战背景下的工程项目来实现项目教学。

5.3　小结：美国本科工程教育改革

第一，美国本科工程教育的发展是一个不断同其他学科融合的过程。20 世纪前半叶，本科工程教育中增加了自然科学基础学科的教学；二战以后，人文、艺术与社会科学被作为本科工程教育的重要部分。21 世纪以来，工程与科学、工程与人文、工程与艺术、工程与社会科学的融合仍然在继续，同时工程和商业的结合也更加深入。

第二，有效融合是以教学改革、教学革命为前提的。所谓的融合，并非简单地建立理学院、建立人文学院、建立商学院，也并非简单地为本科工程教育增加基础科学、人文、艺术、社会科学、商学的课程。因为简单增加学科建制和课程数量会造成很多问题。新建院系的学者更多地着眼于培养本学科的专业人才，而不是把培养工程师作为第一要务。不断增加科学、人文、艺术、社会科学和商学的课程，会压缩“工程”“技术”领域的教学。在这种背景下，改革更多地要通过教学革命来实现，以项目、案例为主要形式的归纳式教学使得“工程+科学”“工程+人文”“工程+商业”等目标能够在单一的课程和系统的培养计划中得以实现，即实现工程与其他学科的有机融合。项目教学（PBL）和学科教学（SBL）之间的区别，是欧林工学院同传统理工类研究型大学本科工程教育的主要区别。

第6章
中国工科院系本科工程教育改革行动的案例研究

6.1 中国工科院系的本科工程教育改革及其与美国的比较

6.1.1 从专到宽的全要素改革

本节选取21世纪以来的国家级教学成果奖和期刊《高等工程教育研究》刊发的论文作为中国工科院系本科工程教育改革的案例分析材料。在2001年以来的4届国家级教学成果奖中，高等教育领域共产生一等奖232项（每一届设一等奖60项左右）、特等奖11项（每一届设特等奖2至3项）。共有33项本科工程教育领域的改革获得国家级教学成果奖一等奖，1项获得特等奖（见表6-1）。其中，有公开文献可以查阅的一等奖16项、特等奖1项。

表6-1 21世纪以来中国高校本科工程教育领域的改革获得的国家级教学成果奖

成果名称	获奖年份	获奖等级	牵头院校
面向21世纪机械工程教学改革	2001	一等奖	华中科技大学
面向21世纪机械类专业人才培养方案的研究与实践	2001	一等奖	重庆大学
面向21世纪热工系列课程教学内容与课程体系改革的研究与实践	2001	一等奖	西安交通大学
信息与电子科学专业教学内容和课程体系改革	2001	一等奖	北京大学

续表

成果名称	获奖年份	获奖等级	牵头院校
电工电子教学基地建设及面向 21 世纪的教学改革	2001	一等奖	西安电子科技大学
面向 21 世纪的地质资源与地质工程类专业教学体系改革与实践	2001	一等奖	中国矿业大学
石油工程专业的改革与建设	2001	一等奖	西南石油学院
“大材料”试点班专业人才培养方案及教学内容课程体系改革的研究与实践	2001	一等奖	北京科技大学
土建类专业人才培养方案及教学内容和课程体系改革的研究与实践	2001	一等奖	西南交通大学
紧密结合重大水利水电工程建设，培养具有创新能力的高层次人才	2001	一等奖	清华大学
化工类专业人才培养方案及教学内容体系改革的研究与实践	2001	一等奖	天津大学
结构力学课程新体系的建设与实践	2001	一等奖	天津大学
重点理工大学培养的人才素质要求与人才培养模式的研究与改革实践	2001	一等奖	北京理工大学
创新人才培养工程的探索与实践	2001	一等奖	大连理工大学
大学生电子设计竞赛的开展与学生创新能力的培养	2005	特等奖	北京理工大学
北京大学软件与微电子学院——示范性软件学院建设	2005	一等奖	北京大学
环境类专业人才培养方案及教学内容体系改革的研究与实践	2005	一等奖	清华大学
化工类专业创新人才培养模式、教学内容、教学方法和教学技术改革的研究与实施	2005	一等奖	天津大学
坚持特色、适应发展、依托优势、充实内涵——纺织工程大专业的深化改革与实践	2005	一等奖	东华大学
土建类专业工程素质和实践能力培养的研究与实践	2005	一等奖	东南大学
拔尖创新人才培养二十年的探索与实践	2005	一等奖	浙江大学
我国高等教育自动化专业人才培养面临的新问题与对策研究及实践	2009	一等奖	清华大学
面向国家重大需求，培养具有轨道交通特色的创新型工程人才	2009	一等奖	北京交通大学
精英型软件工程师人才培养模式的探索与实践	2009	一等奖	北京交通大学

续表

成果名称	获奖年份	获奖等级	牵头院校
产学研相互促进建设大化工创新人才培养体系	2009	一等奖	北京化工大学
工程创新人才培养体系的研究与实践	2009	一等奖	天津大学
土木工程本科学生创新型、国际化人才培养体系与实践	2009	一等奖	同济大学
多学科融合、国际化拓展——生物系统工程专业创建与复合型创新人才培养的实践	2009	一等奖	浙江大学
面向国家重大需求，整体建构电气工程教育体系，培养轨道交通一流人才	2009	一等奖	西南交通大学
以队伍建设为纲，教学科研相长，创建一流系列热工精品课程	2009	一等奖	西安交通大学
工科大学生数学创新实践能力培养模式的探索与践行	2014	一等奖	西北工业大学
人才培养新质量观的认识与实践——国际化复合型工业工程人才培养十年探索	2014	一等奖	清华大学
清华计算机科学实验班：创新型学术人才培养之改革与实践	2014	一等奖	清华大学
构建国际实质等效的化工专业认证体系，提升化工高等教育国际竞争力	2014	一等奖	天津大学

注：表中数据根据 2001 年、2005 年、2009 年、2014 年教育部公布的国家级教学成果奖获奖名单统计。

从获奖情况可以看出，本科工程教育改革国家级教学成果奖的获奖高峰是 2001 年。1996 年，国家教委（即今教育部）启动了“面向 21 世纪高等工程教育改革项目”。从时间节点上看，跟美国欧林工学院建立的时间接近。国家级教学成果奖主要是颁发给五年内的成果，因此，1996 年国家教委启动的项目在 2001 年成为获奖大户。机械工程、电工电子、土木工程、化学工程、材料工程、石油工程等主要的工程学科都参与了改革并在 2001 年获得国家级教学成果奖。

以获奖成果为案例进行分析可以发现，国家级教学成果奖一等奖、特等奖等一般是从培养方案（其中课程体系占很大比重）、实践基地、师资队伍、教学方法、教材建设、教育技术等多方面对教育教学活动进行全面的改革。这种全要素性质的改革之所以出现在国家级教学成果奖获奖名单中，有两种可能。一种可能是，其相关教育教学活动确实实现了全要素、全流程的改善和改革。另一种可能是，改革本身并非全要素、全流程的，但是某一要素、某一环节的改革并不足以获得该奖，因此通过全要素、全流程的“打包”来争取获得该奖。

从改革的主导方向来看，21世纪初期中国本科工程教育的改革主要是拓宽专业口径。很多院校都提出了“厚基础、宽口径”和“大类培养、大专业”的改革口号。

一些院校通过整合专业的方式拓宽专业口径。华中科技大学机械工程教学改革提出，专业建设方向应该由传统的狭窄对口型专业改革转变为宽口径适应性专业改革（杨叔子、张福润，2000）。西安电子科技大学则进行了校内院系调整，新建若干新专业，使本科专业由改革前的20个增加到改革后的30个（傅丰林、赵树凯，1999）。中国矿业大学将地质资源与地质工程类的8个专业方向整合成3个（曾勇 等，2001）。西南石油学院将钻井、采油和油藏工程3个专业改造调整为1个新的石油工程专业（郭建生 等，2007）。东华大学将原来的纺织工程、针织工程及纺织材料专业整合成1个新的纺织工程专业（施太和 等，2002）。

另有一些院校虽未整合专业，但是通过整合课程来拓宽专业口径。北京科技大学的材料类试点班新型课程设计面向分属3个学院5个系的选矿、冶金、金属材料与热处理、无机非金属材料、铸工、粉末冶金、压力加工、金属腐蚀与防腐等专业，设计出包括材料科学与基础、材料工程基础、材料工程实践3个模块的共同基础课。学生在共同基础课完成以后选择相应的专业方向（柯俊 等，1999）。天津大学、华东理工大学、浙江大学、北京化工大学、大连理工大学、四川大学、华南理工大学、清华大学等院校合作，对化工类专业的培养方案进行了全国性的研讨和修订，削减了总学分要求，增加了通识教育学分比重，精简了专业课程内容（余国琮 等，2006）。值得注意的是，几乎所有的国家级教学成果奖都把课程改革作为重点。围绕拓宽专业口径的目标，课程改革主要是加强学科交叉和通识教育。

在获得2001年高等教育国家级教学成果奖的本科工程教育改革成

果中，多数专业都是围绕拓宽专业口径做文章的。因此，经历这一轮改革，“大材料”“大化工”“大纺织”等说法广泛见诸各高校。本书第2章已经提到，新中国成立以来的一项重要举措是学苏联的专业教育思想，高等院校的专业划分很细、就业口径很窄、学生适应性很差。近半个世纪以后，本科工程教育的改革还在弥补历史造成的缺陷。

2005年以来的国家级教学成果奖中，本科工程教育改革的相似度远不如2001年。从表6-1可以看出，2005年以来的获奖成果涵盖了精英班建设、国际交流、产学研合作、国际认证、实践教学等多种改革措施。但这些措施所围绕的人才培养目标一般都阐述为拔尖创新人才，可见创新已经成为21世纪以来我国本科工程教育改革的重要价值导向。

6.1.2 课程教学、实践教学与培养方案改革

进入21世纪以来，《高等工程教育研究》共刊发以院系本科工程教育改革行动为主题的论文83篇，涉及25所“211高校”（其中也是“985高校”的有19所）的56个工科院系（见表6-2）。对83篇论文进行研究可以发现，中国高校的工科院系在改革中多从课程、课程体系、实践教学和培养方案等方面着手，并围绕这几个方面进行师资队伍、硬件环境、体制机制等的配套改革。

表6-2 21世纪以来，《高等工程教育研究》刊发的以院系本科工程教育改革行动为主题的论文

案例院校	案例院系	收稿年份	论文名称	关键词
北京大学	信息科学技术学院	2007	《用英语进行理工科专业课教学的探索与实践》	“纯”英语专业课教学、“感性”教学、教学实践
北京大学	软件学院	2010	《示范性软件学院师资队伍建设刍论》	示范型软件学院、双师型结构、师资队伍建设
北京航空航天大学	机械工程与自动化学院	2016	《面向工程教育的STEP教学模式》	工程教育、STEP、CDIO、工程认证、本研一体化
北京航空航天大学	中法工程师学院	2011	《法国通用工程师培养模式在中国本土化的研究——北航中法工程师学院学生问卷分析》	法国通用工程师、国际化、本土化、问卷分析

续表

案例院校	案例院系	收稿年份	论文名称	关键词
北京航空航天大学	中法工程师学院	2012	《法国工程师学历教育认证解读与实例分析——兼谈北航中法工程师学院的实践》	法国工程师、工程师教育、法国工程师职衔委员会、CTI 认证
北京航空航天大学	中法工程师学院	2013	《企业全过程参与工程师培养的探索与实践》	企业、工程师培养、全过程参与、正反馈闭环
北京航空航天大学	中法工程师学院	2012	《通用工程师学历教育的研究与实践》	高等工程教育、通用工程师、学历教育、认证、国际竞争力、创新
北京航空航天大学	中法工程师学院	2012	《中法高等工程教育体系中的毕业设计比较研究》	高等工程教育、法国预科大学校、毕业设计
北京航空航天大学	中法工程师学院	2010	《研究型大学国际化案例研究：北航中法工程师学院》	研究型大学、国际化、北航、中法工程师学院、案例
北京理工大学	材料学院	2012	《工科类通识课程建设的探索》	工科、通识、课程建设、材料类
大连理工大学	电信学院计算机系	2004	《扩展创新型人才培养途径的探索》	无
大连理工大学	软件学院	2015	《以默会性知识为导向的工科类真实项目设计与实践》	项目教学法、默会性知识、创新和动手能力、工程教育
东南大学	仪器科学与工程系	2004	《测控技术与仪器本科专业人才培养体系探索》	测控技术与仪器、人才培养体系、创新教育、实验教学
东南大学	电气工程学院	2007	《电气工程本科专业认证的实践与思考》	专业认证、工程教育、电气工程
哈尔滨工业大学	机电工程学院	2017	《强化工程创新能力培养的机械专业实践教学建设》	机械专业、工程创新能力、准现场、实践教学、项目教学法
华南理工大学	材料学院	2012	《材料科学与工程专业学生实践创新能力的培养》	材料科学与工程、实践教学、改革
华南理工大学	电子与信息学院	2012	《面向国家新型工业化，培养高素质创新人才——华南理工大学电子与信息学院的工程教育综合改革》	工程教育改革、人才成长模型、知识经济价值链条

续表

案例院校	案例院系	收稿年份	论文名称	关键词
华南理工大学	电子与信息学院	2009	《研究型大学精英人才培养模式探索——华南理工大学电子信息类专业教育改革的实践》	电子信息专业、培养模式、精英人才
华南理工大学	化学与化工学院	2010	《建构主义与工科基础理论课教学研究》	建构主义、工科、基础理论、教学研究、教学方式
华南理工大学	机械与汽车工程学院	2015	《国际氛围中工科学生的创造力培养》	工科教育、国际交流、创新能力、大工程观、OBE
华中科技大学	材料科学与工程学院	2003	《建设新型课程体系，培养宽知识面人才》	机械大类、材料成型及控制工程、课程体系、工程教育
华中科技大学	电子与信息工程系	2012	《以设计性实验为牵引的微机原理课程教学》	设计性实验、实验先行课程教学法、自主学习种子班
华中科技大学	光电信息国家试点学院	2016	《从“精英”到“群英”：一流本科教学的困局与超越——华中科技大学光电信息国家试点学院教学改革的探索与实践》	群英、一流本科教学、工程教育
华中科技大学	光电信息国家试点学院	2017	《国家试点学院教师考核评价机制研究——基于本科教育质量导向的实践探索》	试点学院、评价机制、本科质量
华中科技大学	机械学院	2001	《面向21世纪机械工程教学改革》	无
华中科技大学	计算机科学与技术学院	2012	《基于CDIO的物联网工程专业实践教学体系》	物联网工程专业、CDIO、实践教学体系
华中科技大学	计算机科学与技术学院	2013	《计算机本科专业教学改革趋势及其启示——兼谈华中科技大学计算机科学与技术学院的教改经验》	CS2013、计算机本科教学改革、教学内容、课程体系
华中科技大学	计算机科学与技术学院	2015	《将并行计算纳入本科教育，深化计算机学科创新人才培养》	计算机本科课程体系改革、并行与分布式计算、专业基础能力培养

续表

案例院校	案例院系	收稿年份	论文名称	关键词
华中科技大学	启明学院	2011	《基于真实项目的实践教学体系探索》	种子班、真实项目、实践教学
华中科技大学	启明学院	2012	《将批判性思维引入国际化课程，培养创新型工程师》	批判性思维、创新型、自我建构、本土化
华中科技大学	生物医学工程	2007	《生物医学光子学特色方向本科教学体系建设初探——以华中科技大学为个案》	生物医学光子学、教学体系建设、本科
华中科技大学	电子信息与科学系	2007	《创新人才培养与 Dian 团队模式》	技术创新、技术创新人才、Dian 团队
南京大学	电子科学与工程学院	2017	《引领未来产业变革的新兴工科建设和人才培养——微电子人才培养的探索与实践》	新兴工科、人才培养、微电子
清华大学	电机工程系	2005	《专业基础课中的研究型教学——清华大学电路原理课案例研究》	研究型教学、创新性思维、启发式教学
清华大学	工业工程系	2005	《变革中的实践教育理念——清华大学工业工程系案例分析》	实践教育、工程教育、案例分析
清华大学	工业工程系	2008	《联结理论与实践的 CDIO——清华大学创新性工程教育的探索》	工程教育、系统工程、CDIO、抽象与具象、数据结构、数据库
清华大学	工业工程系	2013	《分布式学习工作流：融合信息技术与实体校园的操作系统》	学习流程设计、分布式工作流、信息技术应用、挑战式教学、极限学习
清华大学	精密仪器与机械学系	2009	《基于 CDIO 的低年级学生工程能力培养探索——机械基础实践教学案例》	机械基础实践、工程能力、教学方法
清华大学	土木工程系	2004	《以现代工程为背景，进行生动有效的工程教育》	现代工程、工程教育理论、土木工程概论
上海交通大学	机械与动力工程学院	2017	《工程类基础课程多元化教学模式及评价——以工程热力学教学实践为例》	多元化教学模式、评价体系、以学习为中心、微课堂教学、综合项目教学

续表

案例院校	案例院系	收稿年份	论文名称	关键词
上海交通大学	机械与动力工程学院	2013	《基于课程项目的工程思维能力培养与工程经验知识获取》	课程项目、工程经验知识、工程思维能力
上海交通大学	塑性成形工程系	2001	《产学研构建先进制造技术人才培养新体系》	无
上海交通大学	密西根学院	2010	《引进创新 走向一流——上海交大密西根学院的工程教育改革探索》	工程教育国际化、综合素质、能力培养、课程体系
天津大学	电气与自动化工程学院	2010	《基于互联网的远程交互式工学实验》	互联网、远程教学、远程实验、交互式、移动机器人
天津大学	化工学院	2002	《化工高等教育改革的认识与思考》	无
天津大学	精密仪器与光电子工程学院	2003	《Team Work：培养创新能力和团队精神的好形式》	无
同济大学	机械与能源工程学院	2013	《面向“卓越工程师”培育的“现代机械工程师基础”课程建设》	课程建设、能力培养、现代机械工程师、现场教学、卓越工程师
同济大学	桥梁工程系	2004	《桥梁工程多媒体教材的研究与开发》	桥梁工程、多媒体、教材
武汉大学	资源与环境科学学院	2009	《面向行业发展的“土地信息系统”课程拓展教学研究》	土地管理、本科课程、土地信息系统、拓展教学
武汉大学	资源与环境科学学院	2004	《依托三峡基地，构建多学科实践教学平台》	三峡工程、实践教学、复合型人才培养、学科共享
西安交通大学	电气工程学院	2002	《电工电子网络课程的体系结构与实现技术》	无
西安交通大学	电气工程学院	2003	《探究式多媒体网络教学系统的研制》	建构主义、交互、虚拟
西安交通大学	机械工程学院	2011	《综合创新性实验中的学习引导》	综合创新实验、学习引导、内隐学习
西北工业大学	航空学院	2006	《“飞行器总体设计”精品课程教学改革探索》	飞行器总体设计、精品课程

续表

案例院校	案例院系	收稿年份	论文名称	关键词
浙江大学	信息与电子工程学院	2016	《电子信息类专业课程体系的改革实践》	人才培养、电子信息类专业、课程体系、培养模式
浙江大学	竺可桢学院	2011	《复合型人才培养模式创新的探索和成功实践——以浙江大学竺可桢学院强化班为例》	复合型人才、人才培养模式、跨学科
中南大学	矿物加工工程系	2002	《矿物加工工程学科创新人才培养体系的探索与实践》	无
中南大学	荣誉学院	2010	《创新型高级工程人才培养与管理模式探索——基于中南大学创新型高级工程人才试验班实践的思考》	创新、工程、高级人才培养、管理
中南大学	软件学院	2010	《工程型本科人才培养方案及其优化——基于CDIO-CMM的理念》	工程教育、CDIO、能力成熟度、培养方案优化、PASA方法
中南大学	软件学院	2012	《面向卓越工程人才培养的教学团队能力评估与持续改进方法》	教学团队、能力成熟度等级、能力评估、符合度、持续改进
中南大学	软件学院	2012	《软件工程人才“一点两翼”实践教学体系的研究》	软件人才、实践教学、工程能力、质量保障
中南大学	土木工程学院	2013	《土木工程专业特色人才多元化培养模式研究与实践》	土木工程、特色人才、培养模式、培养环境
中南大学	资源加工与生物工程学院	2010	《建设国际一流学科，培养复合拔尖人才——多学科交叉矿物加工人才培养模式创新与实践》	多学科交叉、复合拔尖人才、培养新模式
重庆大学	材料科学与工程学院	2000	《“工程材料”课程教学体系改革的探讨》	无
重庆大学	光电工程学院	2006	《测控技术及仪器专业综合课程设计实践》	专业综合课程设计、测控技术及仪器专业、实践教学环节
重庆大学	机械工程学院	2003	《案例教学法在工科教学中的应用》	案例、案例教学法、工科教学

续表

案例院校	案例院系	收稿年份	论文名称	关键词
重庆大学	机械工程学院	2016	《分布式制造领域人才培养体系的构建》	课程体系、人才培养、工程教育、分布式制造
重庆大学	机械工程学院	2004	《机械学科本科人才的社会需求与培养实践》	机械学科人才、社会需求、培养方案
重庆大学	机械工程学院	2003	《开展工程综合实践，培养学生实践能力》	无
重庆大学	机械工程学院	2002	《面向21世纪机械类专业人才培养方案的研究与实践》	无
重庆大学	机械工程学院	2012	《研究型大学本科的卓越计划培养方案——以重庆大学机械工程及自动化专业本科为例》	培养方案、卓越计划、高等工程教育
重庆大学	软件学院	2012	《渐进性阶梯式工程实践教学体系的构造》	软件工程、实践模型、创新型、实践平台、质量保障体系
重庆大学	软件学院	2005	《软件工程人才培养体系研究与实践》	软件工程、培养体系、项目实践、质量保障
北京交通大学	软件学院	2008	《面向能力培养的软件工程实践教学体系》	软件工程、人才能力培养、实践教学体系、教学模式、工程教育环境
北京交通大学	软件学院	2012	《毕业实习与设计过程质量管理保证体系的研究与实践》	毕业实习、毕业设计质量、质量保证体系
北京交通大学	软件学院	2012	《产学合作育人机制的改革探索》	产学合作、运行机制、人才培养质量、软件工程人才培养
北京交通大学	软件学院	2012	《国际化软件人才培养模式改革与创新》	国际化软件人才、培养模式、创新
哈尔滨工程大学	动力与能源工程学院	2010	《舰船动力“卓越计划”培养模式探索》	舰船动力、卓越工程师、培养方案、培养模式
河海大学	物联网工程学院	2014	《团队模式下大学生创业能力培养的探索》	团队模式研究、创业能力培养、普通高等教育
华东理工大学	化工学院	2015	《ABET认证与中国化工高等工程教育未来发展》	ABET认证、华东理工大学、化学工程与工艺、化工高等工程教育、国际化

续表

案例院校	案例院系	收稿年份	论文名称	关键词
中国石油大学（华东）	信息控制与工程学院	2016	《面向工程教育专业认证的自动化国家特色专业改革与建设》	工程教育专业认证、特色专业、专业建设
武汉理工大学	土木工程与建筑学院	2017	《夯实培养环节全面提升学生工程素质——以土木工程专业为例》	工程素质、卓越工程师培养、土木工程专业
武汉理工大学	信息工程学院	2013	《信息专业卓越工程人才培养模式改革之思考》	卓越工程人才、实践教学、培养模式

从国家级教学成果奖和《高等工程教育研究》刊发的论文可以看出，中国工科院系的改革一般都涵盖三个相互联系的要素——课程教学、实践教学和培养方案。为了便于区分，这里所谓的课程教学改革是指单门课程的教学改革。培养方案的改革包括人才培养目标、课程体系等全方位的改革。其中课程体系的改革是培养方案修订的重点。课程体系的改革是对多门课程及其相互关系的重新调整。反过来说，多门课程的协同改革即课程体系的改革，一般会引起培养方案的重构。课程体系和培养方案的重构，都包括实践教学体系的改革，但还不能完全涵盖实践教学体系改革。除了实验课程、实习课程之外，实践教学体系的改革还包括实践基地、校企合作等方面。

6.1.2.1　课程教学改革

在中美两国本科工程教育改革中，单门课程的改革明显占有不同的比重。在美国工程院报告列举的案例（见表5-5）中，超过20%的案例是关于单一课程改革的案例。而表6-2所示《高等工程教育研究》刊发的论文中，介绍某门课程教学改革的论文占比接近10%。

典型的课程教学改革包括以下三个。

第一，清华大学土木工程系针对本科工程教育学生大一大二阶段学习方向迷茫、接触工程实践少的问题，探索“工程概论”课程与教材的建设。“工程概论”课程以现代工程为背景，以信息技术为手段，改革教学内容和方法，培养学生的工程意识、事业心、责任感和创新思维等（罗福午、于吉太，2004）。

第二，同济大学机械与能源工程学院的“现代机械工程师基础”课程主要面向机械类专业大四本科生和研究生开设。课程的改革举措是与行业龙头企业上海振华重工（集团）股份有限公司合作。主要的教学形式包括理论教学、企业现场参观、企业专家讲座等（秦仙蓉 等，2014）。

第三，西北工业大学航空学院开设的“飞行器总体设计”课程是飞行器设计与工程本科专业的主干课程。该学院从教材、课堂组织和考核方法等方面改革教学。在比较国内外航空教育系列教材和参考书以后，课程选定了最优秀的国外教材。在课堂组织方面，课程设置 3 至 5 人为一组的设计小组完成课程题目。在考核方法方面，着重考核学生的创造能力（杨华保、王和平，2007）。

通过比较可以发现，中美工学院系的课程改革有很大差异。中国工科院系的课程改革有两个重点，其一是加强研究型教学，其二是加强实验或实践环节。美国工学院的课程改革案例则更多地以项目教学为主。从前文所述的演绎式教学和归纳式教学来看，中国工科院系的课程教学改革案例更接近于演绎式教学，而美国工学院的课程教学改革案例多为归纳式教学。

6.1.2.2 实践教学体系的改革

在 83 篇教育学论文所涉及的 56 个中国工科院系中，有 4 篇论文较为详细地介绍了实践教学，涉及 4 个工科院系。

从改革的内容来看，实践教学体系的改革主要包括以下三个方面。

第一，实验课程的改革，从验证型实验向探究型、设计型实验转变。中国本科工程教育中的很多实验课和实习环节都是以验证理论为主要教学目标的。很多教师设计出探究型、设计型的实践教学。华中科技大学电子与信息工程系“种子班”的“微机原理”课程将验证型实验改为设计型实验。清华大学精密仪器与机械学系的“机械基础实践”课程引入 CDIO 理念和方法，将课程教学分为讲座与参观、拆装分析、总结交流与答辩三部分。该课程以团队项目形式进行，综合使用设计教学法、问题教学法、任务导向法、小组讨论法等教学方法（郝智秀 等，2009）。

第二，实验平台、实践基地等硬件条件的建设。武汉大学资源与环境科学学院的本科工程教育改革的主要举措是拓展实践教学基地和课程教学。该学院将三峡工程作为综合实习基地。依托三峡工程建立起实地平台、信息系统平台，实现参观学习型、调研型、科研合作型的实践教学（刘艳芳 等，2004）。在课程拓展方面，"土地信息系统"课程从信息技术方向和专业应用领域方面拓展课程内容，在教学上则通过科研项目和工程项目实现课程拓展。学院从软硬件等方面为课程拓展提供保障（唐旭 等，2009）。

第三，实践教学体系的建设。华南理工大学材料科学与工程专业健全了实践教学内容体系，形成了认识实践、基础性实践、综合设计训练、研究与创新性实践四个实践环节（王迎军 等，2012）。重庆大学软件学院确立了软件工程人才培养体系，并且提出了实践能力培养不断线的要求。学院系统地设计实践教学，按照实验、实训、实习三个阶段组织实践教学，培养学生的软件编程能力、软件应用能力、软件工程能力、职业能力。实践活动的教学被分为导入、示范、训练、评价、强化、反馈、应用、监管八个环节。案例教学和软件项目实践在该学院的教学中占有很大的比重。据统计，学生项目实践成绩已经占到各科总成绩的 30%至 70%（文俊浩 等，2014）。

上述几所院校的实践教学体系改革是以《高等工程教育研究》单篇论文的形式发表的。从官方主页等其他信息渠道可以发现，针对实践教学体系的改革在中国工科院系本科工程教育改革中较为常见。

6.1.2.3　课程体系与培养方案的改革

中国工科院系课程体系的改革主要是处理不同课程之间的关系。培养方案的改革则包括人才培养目标、学制、学分、课程结构、教学安排等内容。其中，课程体系的改革是培养方案改革的重点，因为人才培养目标的达成主要依靠课程教学。在83篇教育学论文中，至少有32篇论文是全面研究教学体系或培养方案改革的。其中，至少有5篇论文是关于21世纪初配合专业合并的培养方案改革，包括华中科技大学计算机科学与技术学院、华中科技大学机械学院、重庆大学机械工程学院等院系。这一类改革已经在前文关于国家级教学成果奖的研究中述及。

较为典型的课程体系改革与培养方案修订案例列举如下。

第一，东南大学测控技术与仪器本科专业人才培养方案修订。1999年和2003年，东南大学两次对测控技术与仪器专业本科生培养方案做了重大修订。2003年，东南大学将测控技术与仪器本科专业人才培养目标确定为：以信息科学的理论为基础，培养测控技术与仪器领域内的高层次、高素质、具有创新精神与能力的“研究型”和“复合型”高级工程技术人才。该培养方案将课程体系分为自由教育课程、电子信息大类学科基础课程、专业主干课程和专业任选课程四类。2003年的培养方案修订将学时分配向自由教育课程和电子信息大类学科基础课程倾斜。同时，增加了实践课程和实践环节，加强了专业教学实验室的建设（宋爱国、况迎辉，2005）。

第二，华南理工大学材料科学与工程专业的改革。该专业主要针对“工程教育科学化”问题进行改革，尤其是针对实践教学和毕业设计中的薄弱问题。具体举措包括：修订培养方案，提出知识、能力、素质“三位一体”的教学目标；重组课程体系，将课程分为公共基础课程、材料学科基础课程、材料专业领域课程、材料专业实践、自由及人文素质教育五大模块；健全实践教学内容体系，形成认识实践、基础性实践、综合设计训练、研究与创新性实践四个实践环节（王迎军 等，2012）。

第三，华中科技大学计算机科学与技术学院的本科工程教育改革。进入21世纪以来，该学院的本科工程教育改革已经经历多轮，分别形成CS2001、CS2008和CS2013等几个版本的计算机本科专业培养方案。在最近一轮的改革中，该学院提出，计算机学科已经发生学科范式的转变——随着多核技术的普及与大数据时代的到来，以冯·诺依曼结构为代表的串行计算知识内容体系已不能满足时代对技术发展的需求。计算机学科的本科教育需要培养学生的并行计算思维和并行计算系统能力。因此，该学院的改革以教学内容和课程体系的更新为重点，在本科教育中纳入并行计算，并且系统重构本科培养方案（陆枫、金海，2016）。2010 年，该学院建立了基于 CDIO 的物联网工程新专业。

第四，南京大学电子科学与工程学院的本科工程教育改革。作为依托综合性大学的本科工程教育，该学院提出了“三新五结合”本科工程教育改革方案。其中，“三新”是指：目标要求新，重点培养有全球视野和领导能力的人才；体系领域新，主要面向新兴领域；培养方法新，采用 ABET 工程教育认证标准，教学环节以学生为中心。“五结合”则指与综合性大学优势相结合、与专业优势特色相结合、与国家重大战略需求相结合、与创新创业教育相结合、与教学改革相结合（徐骏 等，2017）。围绕“三新五结合”，本科培养方案得到系统修订。

第五，浙江大学电子信息类专业课程体系的改革。浙江大学以知识点为主线，整合电子科学与技术和信息工程两个本科专业的资源，重构课程体系。浙江大学信息与电子工程学院将全学院开设的 130 余门课程分为微电子与光电子、场与波、电路与系统、通信与网络、信号与信息处理 5 个课程群。在此基础上修订本科专业培养方案，由通识课程、数理与工程必修、专业必修、专业选修、实践环节五类教学活动构成培养方案（章献民 等，2017）。

第六，中南大学矿物加工工程专业的分类培养方案改革。该专业的前身为选矿工程，改革的主要方向是将专业口径拓宽。总体上看，改革从培养方案、课程体系、教师队伍、实践基地、教学方法、教学手段和制度保障等方面全面展开。改革以后，按“矿物与材料类”大类招生，采用“1+3”分段专业培养模式，培养方案设置公共、大类、专业三类课程平台，第 1 学年为相同的公共课程和大类课程学习，后 3 个学年为不同的专业课程学习。在第 1 学年通识教育基础上，学生可自主选择专业。改革将培养方案的总学分降低，将原有的多门课程合并综合，并推进教学方法的改革。改革保证了实践教学的学时、学分不降低，同时加强了实践平台的建设。改革还加强了教师队伍建设等（邱冠周 等，2002；胡岳华 等，2011）。

从上述六个中国工科院系的本科工程教育改革可以看出，课程体系和培养方案的改革具有很强的综合性和系统性——改革对象全方位地涵盖人才培养目标、人才培养措施和保障条件等；改革既针对单一的课程，也针对课程体系。这种综合性和系统性在前文述及的美国工学院本科工程教育改革中是不多见的。反过来在一定程度上可以认为，培养方案的修订反映出中国的教育教学改革具有很高的效率。但是也应当看到，很多中国工科院系的改革太过频繁。

中国工科院系的培养方案和课程体系改革的一个重要特征是强调宽口径大类培养。围绕这一教育教学目标，课程体系中的通识教育、专业基础课得到加强。这一改革趋势在上述六个中国工科院系的改革案例中得到充分体现，同国家级教学成果奖反映出来的改革趋势也是一致的。

尤其重要的是，在所有的中国工科院系案例中，本科工程教育改革都采用通识教育与专业教育分阶段进行、大类培养和宽口径培养相结合、以学科为核心组织课程的教学模式。这种广泛采用的模式同美国理工类研究型大学的理工模式是一致的。

6.1.3 院系行动、院校行动与国家行动

对国家级教学成果奖和《高等工程教育研究》刊发的教育学论文分析可以发现，中国工科院系有以下常见的本科工程教育改革行动。

6.1.3.1 精英计划的实施

很多中国高校设立了精英计划，这些计划与美国高校曾经广泛采用的荣誉计划很相似。对《高等工程教育研究》刊发的教育学论文进行研究可以发现，中南大学、华中科技大学等设立了相应的荣誉学院、试点班等。浙江大学竺可桢学院、清华大学学堂计划等全校性精英计划对

中国本科工程教育改革产生了重要的影响并分别于2005年和2014年被评为国家级教学成果奖一等奖。这里重点介绍浙江大学竺可桢学院和清华大学学堂计划。

浙江大学的本科工程教育精英计划始于1984年创立的混合班，当时从入学的工科本科生新生中选拔5%的学生组建班级。1999年，浙江大学组建“本科生创新与创业管理强化班”。2000年，在混合班、本科生创新与创业管理强化班的基础上，浙江大学成立了竺可桢学院。20世纪末期的浙江大学已经通过合并重组为综合性大学，因此，竺可桢学院把精英计划推广到所有学科（邹晓东 等，2010）。

在21世纪以来的国家级教学成果奖中，清华大学的计算机科学实验班获得一等奖。计算机学科是一个既属于科学又属于工程的学科。清华大学的计算机科学实验班始建于2005年，2009年被纳入清华大学学堂计划。2010年，清华大学学堂计划被整体纳入国家教育体制改革试点项目“基础学科拔尖学生培养试验计划”。因此，清华大学计算机科学实验班相对而言是从基础科学的角度进行改革的。

清华大学、浙江大学的精英计划，以及其他院校的精英计划，组织方式上都较为类似。一般地，通过一定的程序选拔少数精英学生组成精英计划或者精英班级，为这些少数学生配置最好的教师（比如导师制）、提供最好的硬件条件（比如使学生尽早进入实验室或者承担真实项目）和软件条件（比如优先为学生提供国际交流机会）、实施个性化的教学（比如修订培养方案和实施学分制等）。这些组织方式同美国高校传统的荣誉计划，以及麻省理工学院戈登领导力项目基本类似。有文献表明，浙江大学的改革确实参考了美国的荣誉计划（邹晓东 等，2010）。

院校和院系层面的精英计划，同新中国成立以来各个领域的重点建设思路是一致的。在资源极其匮乏的时期，中国经济领域、教育领域以及社会各个领域都采用了重点建设思路。在20世纪末期的大学扩招以后，中国高等教育逐步进入大众化发展阶段。然而，人力资源、财力资源和物力资源等方面的增长并未跟上大学扩招的速度，因此并不能保证对所有学生实施精英化教育。为此，院校和院系层面会集中一部分资源对一部分经过选拔的学生实施精英教育。浙江大学等高校认为，根据人才学的研究，中国大学生中应有5%—10%的学生智力超常。因此，浙江大学将其精英计划规模确定为学生总数的5%左右（邹晓东 等，2010）。

2010年，随着卓越工程师教育培养计划在全国200余所高校的全面实施，中国形成了全国性的工程教育精英计划。在2010年以来的《高等工程教育研究》所刊发的教育学论文中，共有院系案例论文51篇，其中系统介绍院系卓越工程师教育培养计划实施方案的论文有5篇。以哈尔滨工程大学和重庆大学的卓越计划为例来说明。

哈尔滨工程大学舰船动力“卓越计划”培养模式的核心是实践教学与国际化，采取了创立校企合作与联合培养机制、拓展工程实践路径等措施。在教学方法上，专业课的教学引入工程案例，注重工程决策；在实践教学方面，更多采用研究型实践教学模式（王东旭 等，2011）。

重庆大学机械工程及自动化专业在世纪之交修订培养方案的基础上再次根据卓越工程师教育培养计划的要求全面修订培养方案。根据卓越工程师教育培养计划的人才培养标准，重庆大学机械工程及自动化专业形成了课程流程图、课程与毕业生能力实现矩阵等。与世纪之交的改革相比，卓越工程师教育培养计划实施以来的改革更加注重能力提升、企业合作与课程综合（李良军 等，2013）。

此外，武汉理工大学信息工程学院针对信息专业制定了以实践教学为重点的卓越工程师教育培养计划实施方案。同济大学机械与能源工程学院的卓越计划案例则以建设“现代机械工程师基础”课程为主题。中南大学软件学院的卓越计划案例主要是针对教学团队能力评估与持续改进方法等。

6.1.3.2 软件学院的建设

2005年和2009年，北京大学和北京交通大学分别获得国家级教学成果奖一等奖，反映了21世纪以来中国本科工程教育改革在计算机软件这一特定领域的努力。《高等工程教育研究》持续关注软件学院的建设，在研究所涉83篇论文中有11篇关于软件学院建设，约占83篇论文的13%。

软件学院的建设，是一种自上而下的改革。2000年，国务院印发《鼓励软件产业和集成电路产业发展若干政策》（国发〔2000〕18号）。为落实国务院文件的精神，教育部组织论证和建设了37所示范性软件学院。这37所示范性软件学院主要设置在“985高校”中，北京邮电大学、西安电子科技大学等有良好学科基础的部属院校，以及云南大学等地方院校也有设置。

中国高校软件学院的建设是一个值得长期、深入跟踪研究的课题。在发起建设软件学院的21世纪初，中国各主要大学已经建立了很多计算机（或IT相关）专业。在这种背景下，为什么要由国务院发起、教育部推动建立软件学院？软件专业与计算机（或IT相关）专业如何区分？根据卢苇等人的研究，中国政府部门推进大学建立软件学院，是因为我国的软件产业在21世纪初期既无法同中国制造相匹配，又远远落后于美国、日本、印度、爱尔兰、韩国等。发展软件产业，对于保障国家信息安全也具有重要的意义。而软件产业的发展主要依靠人才。中国大学中传统的计算机（或IT相关）专业是一种学科化的模式，按照基础课、专业基础课、专业课、毕业论文等线性流程设计教学活动，学生的实践与创新能力很差。北京交通大学等引入CDIO模式设计软件学院的教学，通过校企合作等模式加强了软件工程人才的工程性、实践性。经过探索，37所示范性软件学院的人才培养效果高于计算机（或IT相关）专业。麦可思公司等调查发现，软件学院毕业生的就业率、平均薪资远高于同学校的计算机（或IT相关）专业和全校本科毕业生的平均水平。在2007年、2008年、2011年等几个年份中，据麦可思的调查，计算机（或IT相关）专业毕业生呈现出失业量大、就业率低、薪资较低的特点，而软件专业毕业生的就业状况仍然良好（卢苇、胡海青，2011)。

《高等工程教育研究》所刊发的关于软件学院建设案例的11篇论文中，北京交通大学和中南大学总共占7篇。因此，重点研究这两所院校软件学院的建设情况。

北京交通大学软件学院的本科工程教育改革按照国际化、实践型的思路设计。该学院根据CDIO理念明确了能力培养的六个目标：获取知识的能力，即学习能力；运用知识的能力，即分析与解决问题的能力；共享知识的能力，即团队协作能力；发现知识的能力，即创新与创业能力；传播知识的能力，即交流与表达能力；国际环境下工作的能力，即英语实用能力和对国际工业产品与过程标准的掌握与应用能力。国际化和实践教学被设计为实现上述六大能力目标的重要举措。该学院按照国际标准制定人才培养目标，从卡内基梅隆大学引入课程体系和项目教学方法，与IBM等国际知名企业合作进行人才培养，引入外籍教师和海归人员充实师资队伍等。软件工程的课程实训采用以“案例牵引、项目驱动、团队合作、引导互动”为特征的“做中学”。课程与项目的实训方案由企业教师负责设计和教学，校企联合专家组评审（李红梅 等，2009，2010，2012）。

中南大学软件学院的本科工程教育改革主要引入了CDIO理念和能力成熟度模型（Capability Maturity Model，CMM）。该模型是美国卡内基梅隆大学软件工程研究所推出的评估软件能力与成熟度的一套体系。它提供了一个过程能力阶梯式进化的框架，阶梯分为五个不断进化的级别：初始级、可重复级、已定义级、已管理级和优化级。每个级别描述了具有某个成熟度级别软件机构所具有的主要特征，都提供了一个软件过程改进层次，每个层次依据关键过程域中的关键实践来达到软件能力成熟度的提升。中南大学软件学院基于CDIO-CMM来评价教学效果、教师能力，并基于CDIO-CMM修订培养方案（胡志刚 等，2010a，2010b；江林 等，2012）。

从北京交通大学和中南大学两个典型案例可以看出，CDIO等国际工程教育改革理念对中国新建的软件学院产生了重要的影响。

6.1.3.3　国际化能力的提升

国际化也是中国本科工程教育的一个重要改革主题。在2009年、2014年的13项本科工程教育领域改革产生的国家级教学成果奖一等奖中，有4项成果以国际化为主题。其中，在2014年的4项一等奖中，有2项以国际化为主题。

中国工科院系的国际化努力有多方面的体现。首先是国际工程教育理念被广泛引入中国高校的本科工程教育改革中。其中，CDIO理念是在中国推广力度最大的一个西方教育理念。在83篇教育学论文中，有4篇论文是以中国的CDIO教育为主题的。除了上述软件学院采用CDIO理念来进行改革设计以外，清华大学、北京航空航天大学、华中科技大学也采用了CDIO教育理念。

在具体做法上，清华大学工业工程系的本科工程教育改革推行更加全面的国际化，以培养“国际化复合型工业工程人才”为目标。从2001年成立之日起，清华大学工业工程系就有鲜明的国际化特征：系主任萨文迪教授是美籍美国工程院院士；英文教学的比重比国内其他工程学科都高，引入了国际一流大学使用的全套英文教材；采取了暑期交换生混班上课等方式（清华大学工业工程系，2015）。2014年，清华大学工业工程系的本科工程教育改革因为很强的国际化特色而获得国家级教学成果奖一等奖。

2014年的另外一项国家级教学成果奖一等奖授予了化工领域的国际认证工作。2004年以来，天津大学、清华大学、华东理工大学、南京工业大学、北京化工大学、大连理工大学的化学工程系和中国化工教育协会等多家机构合作，着手构建“国际实质等效的化工专业认证体系”。上述高校的化学工程系对英国化学工程师协会（IChemE）和美国ABET工程教育认证标准进行了全面的研究，构建了“化学工程与工艺专业人才培养方案”新框架。新框架在全国化工教育界被广泛推广，并且被墨尔本大学等国外高校采用（王静康，2015）。2008年天津大学化学工程专业通过了IChemE的认证，2013年华东理工大学化学工程与工艺专业通过了 ABET 的认证。

化工高等教育的国际认证对于中国本科工程教育的发展具有重要的意义。化学工业是国民经济支柱产业，全国开设化学工程与工艺专业的本科院校有 350 所以上。化工高等教育的国际认证，由国内最好的 6 个化学工程与工艺专业联合组织实施，指导和带动了全国 200 多所其他院校的化学工程与工艺专业参与教学改革。更为重要的是，化工高等教育的国际认证为中国本科工程教育的整体国际化担当了探路者角色。

中国本科工程教育建立起“国际实质等效的化工专业认证体系”是一个由专业机构呼吁、政府主管部门协调、大学积极响应的多方协同过程。清华大学建筑学、土木工程等领域在 20 世纪末期较早开展工程教育国际认证，清华大学教育研究所（清华大学教育研究院的前身）等对国际工程教育认证的相关制度进行了系统研究。在高等工程教育研究者的积极呼吁和支持下，中国工程院教育委员会于 2004 年 11 月，向国务院提交了《关于大力推进我国注册工程师制度与国际接轨的报告》。2005 年 5 月，中国成立了全国工程师制度改革协调小组，人社部、教育部、中国科协、中国工程院等 18 个政府部门和行业组织协同，启动实施工程师制度改革和工程教育认证工作（王孙禺 等，2014）。2013 年，中国成功申请成为《华盛顿协议》临时签约组织。2016 年，中国被接纳为《华盛顿协议》正式成员。

在院校和院系层面，中国于 2006 年启动本科工程教育专业认证试点工作。截至 2013 年底，共认证了 31 种专业的 231 个专业点，覆盖 94 所高校（王孙禺 等，2014）。天津大学、清华大学等 6 所院校牵头的“国际实质等效的化工专业认证体系”具有很强的代表性——它反映了国际认证工作在工程教育机构院系层面的实践进展。

6.1.3.4 国际化与精英计划的结合

近年来，北京航空航天大学和上海交通大学的本科工程教育改革将国际化和精英计划相结合，产生了重要的影响。

2004 年，北京航空航天大学与法国中央理工大学集团共同创建了隶属于北京航空航天大学的二级学院——中法工程师学院。中法工程师学院的定位为培养兼有工程技术和管理科学知识的国际化高级工业企业管理工程师。该学院的学制为6年，学生毕业后获得北京航空航天大学的本科毕业证书和学士学位证书、硕士毕业证书和硕士学位证书，同时获得法国工程师学位委员会认证的工程师文凭。其中前3年为预科阶段，后3年为工程师教育阶段。预科阶段的教学主要是法语语言学习和基础学科、计算机学科的学习。进入工程师教育阶段以后，学生在机械与航空工程，材料、生物与纳米科学，信息、通信、自动化工程，企业运作、生产管理工程，能源与环境工程等若干个方向中选择专业。工程师教育阶段的一个特征是重视实践，中法企业界的高级工程师和专家将大量参与专业基础课和专业课的教学，3年总计可达2600多个课时。此外，该学院在第4年和第6年的下学期，分别安排学生到企业进行为期2至3个月和4至6个月的实习。中法工程师学院设立联合管理委员会，北京航空航天大学校长出任联合管理委员会主席，法国中央理工大学集团校长出任副主席。中法双方各推荐一位负责人担任中方院长和法方院长。北京航空航天大学提供办学所需的硬件资源和中方师资。法国中央理工大学集团派出法国教师，制定教学大纲、教学方法，建立与法国企业界的联系（刘扬、赵婷婷，2011；熊璋 等，2012；萨日娜 等，2014）。

2006年，经教育部批准，上海交通大学和美国密歇根大学联合组建了密西根学院。该学院是非独立法人办学机构。上海交通大学和密歇根大学通过密西根学院实现了学分互认、学位互授、教授互聘、课程共享、全英文授课（张申生，2011）。

2014年，上海交通大学建立了上海交大-巴黎高科卓越工程师学院。该学院本科生的学制为6.5年，毕业学生获得上海交通大学学士学位、工程硕士学位和法国工程师学位委员会认证的工程师文凭。在校的前3年为包括数学、物理、化学、计算机等学科在内的基础课学习阶段，第4年开始进入分专业工程师学习阶段。在教学方法上，学院更多地采用法国模式，习题课、实验课、跨学科项目、口试考核等占很大的比重（李萍 等，2015）。

从精英计划、工程教育国际认证、软件学院、工程师学院、密西根学院等可以看到，中国工科院系的改革不仅是院系行动、院校行动，还是国家行动。上述改革之所以能够产生重要的影响、取得重要的进展，是因为院系、院校和政府主管部门在改革思路上达成了一致。

6.2 小结：中美工学院系本科工程教育改革行动的比较

中美工学院系本科工程教育改革行动有以下区别。

一是教学改革和系统改革的区别。中国工科院系的改革具有很强的综合性、系统性，美国工学院的改革更多聚焦于教学设计和教学过程。20世纪90年代至今，中国工科院系的常见改革选择是系统调整培养方案和课程体系，同时还围绕培养方案等综合完善人力、财力和物力资源的配套支持。中美工学院系都把课程作为改革的重点，而中美工学院系的课程改革又有很大的差异。中国工科院系的课程改革实际上更多地对应美国的培养计划改革，是对一系列的课程进行优化重组。美国老牌工学院的改革主要是对单独课程进行教学论的重新设计。这一区别，反映出美国老牌工学院难以系统推进改革的状况，这也是美国新建欧林工学院的原因。但是，也要注意到，中国工科院系对培养方案、课程体系的调整较为频繁。而且，中国工科院系的改革虽具有系统性，但是比起美国工学院的改革行动来说显得重点不突出，尤其是在教学活动这一关键环节普遍缺少教学设计和教学创新。

二是增量改革和存量改革的区别。美国工学院本科工程教育实际上已经分化为至少两种模式——理工模式和超越理工模式。这两种模式的主要差异不在人才培养目标方面，而在人才培养措施方面。两种模式都提出要培养新一代工程师，而且也都认为新一代工程师应具备创新创业能力、领导力、团队能力、交流能力等高阶能力。两种模式在教学上的区别在于超越理工模式在行动上以归纳式教学为主，从教学过程来看也比理工模式更以学生为中心。为了实施上述教学改革，欧林工学院不设院系、不以科学研究为主要工作，这些举措重新定义了工程教育和高等教育。从中国工科院系的改革行动来看，并没有出现这种模式分化现象，所选案例院系总体上还是以理工模式为主。在软件学院、中外合作办学的精英学院中，采取了很大的力度来学习推广美国和欧洲工程教育，但是否形成了明显区别于主流的理工模式的工程教育，还有待历史的检验。从这个意义上说，美国工学院本科工程教育改革有明显的增量改革，而中国工科院系本科工程教育改革仍然是以存量为主的改革。

三是理念牵引和政策牵引的区别。相对而言，美国工学院的本科工程教育改革是以理念为牵引的，中国工科院系的本科工程教育改革主要是以政策为牵引的。美国工学院的本科工程教育改革行动根植于全球化理论、创新理论和领导力教育思想。欧林工学院的改革明确了至少五个方面的理论基础，其中既包括教育学理论，又包括除教育学以外的其他社会科学领域的理论。中国工科院系的改革一方面是出于学习美国经验，另一方面是回应政策。精英计划因为同中国宏观管理体制的重点建设传统相契合，因此能够在全国迅速推广。软件学院的兴起、专业的合并、课程的整合等是从政策文件的要求开始的。在中国工科院系，改革目标的表述如果使用一个相对笼统、外延极其广泛的概念（比如一流、卓越），改革将具有更广泛的号召力和更强大的包容性，在政策体系中既可以向下一层级推广，又可以向上一层级争取资源。

第7章 结论、启示及未来探索

7.1 结论

本书重点研究中美工学院系本科工程教育改革的目标和内容，提出的两个研究假设是：中美工学院系的改革目标具有一致性；中美工学院系的改革内容具有一致性。

通过对中美工学院系使命宣言进行基于语料库的批判话语分析、本科工程教育改革行动的案例研究，本书得出以下几个结论。

第一，从话语方式来看，中美工学院系本科工程教育改革所要达成的目标表面上是一致的，但是实际上具有很大的差异性。中美工学院系都普遍使用“创新”一词，但是美国的创新概念更接近于中国当前的创业概念；美国工学院在人才培养目标方面提出领导力教育思想，中国工科院系很少提及；美国工学院提出加强学院的引领性或影响力，这同中国工科院系的一流大学、一流学科建设有类似之处；美国工学院广泛推进GGC思想和项目，中国工科院系则更多谈及国家需求。美国各工学院对主题词（关键词）都有自己的理解和阐释，因此其词语搭配等话语方式的差异很大；中国各工科院系在使用主题词（关键词）时的词语搭配等话语方式有很明显的一致性。

第二，从改革行动来看，美国的新老工学院都加强了工程伦理、价值创造的教学，所谓的“广义工程教育”在美国本科工程教育界得到一定程度的实施。其中，改革派的突出代表欧林工学院设立了广义工程教育的目标、建立了以归纳式教学为主的教学体系。围绕教育目标和教育体系，欧林工学院不设院系、不以科学研究为主要工作，由此重新定义了工程教育和高等教育。欧林工学院所倡导的广义工程教育、归纳式教学方法在美国传统工学院的课程中有很大的体现。但是，美国传统工学院的改革还是主要体现在课程中，缺少系统性的改革。相对而言，中国工科院系的改革能够系统推进，实现对整个教学计划和培养方案的改革。从改革内容来看，21 世纪之初中国工科院系的改革仍然在致力于解决历史遗留问题、建设“大专业”，近年来的改革则主要围绕创新和国际化等做文章。

从高等教育“中心—边缘”理论（依附理论）的视角来看，二战以来作为全球高等教育中心的美国力图继续维持其中心地位，而且采取了切实的改革行动；中国则正在快速发展。在话语方式上，中国本科工程教育并没有形成对美国本科工程教育的话语依附——如前所述，中国工科院系有选择性地采用了美国的热词，但是词语内涵是完全不同于美国的。在改革实践方面，中国本科工程教育在一定程度上有自己的一套逻辑——或者弥补历史缺陷，或者改革独特的教育体制机制等。

7.2　启示

中美两大经济体都在加快教育改革以迎接第四次工业革命。在此背景下，美国工学院的办学理念与改革实践对于中国的本科工程教育改革有以下启示。

第一，中国高等教育改革需要更多着力于本科工程教育改革，而且需要增量改革。要特别重视美国本科工程教育改革在世纪之交的改革经验和欧林工学院的意义。美国有非常成熟的 STEM 教育体系，同时美国工程院、美国自然科学基金委员会等着重推出了欧林工学院的改革，在报告中所提及的案例也绝大多数涉及归纳式教学。欧林工学院的新建发展和归纳式教学的推广，成为美国本科工程教育最重要的改革增量。同时要看到，在美国高等教育层次的STEM教育体系中，本科工程教育改革是重心。欧林工学院的建立和发展表明了美国各界系统重构、重新定义美国本科工程教育的能力。虽然我国的高等教育改革在如火如荼地进行，但是我国的本科工程教育改革并没有迎来真正的教育学增量。这有两个表现：一是中国本科工程教育的改革理念沿袭美国理工模式，归纳式教学还无法同演绎式教学相抗衡，PBL（Project-Based Learning）在整个教学活动中的比重还不如SBL（Subjects-Based Learning）大。学科建设在过去二三十年里直至今日仍然被绝大多数高校作为大学改革的龙头，学科和专业目录的指导性仍然很强。而且中国的学科概念是更加细分的二级学科（有时也涉及一级学科）概念，还不是美国大学的subjects概念。美国的subjects概念更接近于中国的学科门类和一级学科概念。二是没有类似于欧林工学院的、有影响的中国新建工学院，中国本科工程教育的改革仍然依托于现有大学的存量改革。我国高等教育界近年来新建了南方科技大学、浙江西湖高等研究院，但这两所院校更有可能发展成为中国的加利福尼亚理工学院和普林斯顿高等研究院。建设研究型大学、培养一流的科学家是南方科技大学和浙江西湖高等研究院的主要目的，本科工程教育并非这两所新建院校的改革聚焦点。

第二，中国本科工程教育要全面解决教育理念和教学设计的问题。从人才培养目标来说，中国工科院系提出了世界一流、国家需求、创新创业等导向，但是这些导向还缺少教育学内涵的支撑。而且，就目标的落实来说，需要进一步将其落实到人才培养环节。缺少教学设计，就无法做到以学生为中心。中国的本科工程教育改革，已经基本完成了专业培养计划、课程体系的调整。以后的改革，继续调整专业培养计划和课程体系的空间极为有限。虽然课程体系中的知识内容会不断更新，专业方向会不断调整，但这些都只是现有框架下的量变，并不能算作彻底的改革。因此，未来的本科工程教育改革应突破现有的思维定式，借鉴美国以教学改革来重新定义工程教育的方式，想办法建立新的工程教育模式。

第三，本科工程教育应当充当经济与社会发展的引擎。通过话语分析可以发现，美国工学院所谓的创新是从经济与社会贡献的角度来阐述的。当然，我们要考虑历史与文化因素对大学的话语逻辑产生的影响。根据中国的话语习惯，很多机构在对创新进行阐述时更多的是从文献计量学的角度出发，更多专注于论文发表等知识创新环节。这种话语表述反映出中国大学在办学实践中还没有形成真正有效支撑经济与社会发展的机制，更缺乏创业成效。美国的综合国力、经济实力长期位居全球前列，与斯坦福大学、麻省理工学院等大学的经济贡献有极大关系，与工程教育的国际竞争力有极大关系。中国的大学要尽快树立正确的创新观和创业观，把创新创业活动同国家经济社会发展联系起来（曾开富 等，2016）。

第四，本科工程教育应当扬弃学科建设的思维。很长一个时期，中国高校的发展都是以学科建设为龙头的。从美国工学院的情况来看，其传统的学科虽然仍然存在，但“龙头”已经转换为以重大挑战为核心的跨学科建设。这种转换本身是同创新创业、应对全球竞争相一致的。显然，创新活动、创业活动、全球经济竞争不是某单一学科的事务。学科建设为中国高校的发展奠定了硬件资源、软件资源等多方面的基础。在这个基础上，未来中国高校的发展应该更加重视组织多学科资源创造性地解决人类社会所面临的复杂的、基本的问题。2015年9月15日，由中、美、英三国工程院联合主办的第二届“全球重大挑战论坛”在中国举办。本次论坛所谓的“全球重大挑战”正是由美国工程院最早提出的，与美国工学院所谓的“全球大挑战”是完全相同的概念。可以看到，美国工学院是美国应对全球大挑战的主力军。但目前，中国很多高校还停留在以学科建设为龙头的阶段，在解决国家和社会重大需求方面还缺乏明确聚焦的方向，更缺乏一种全球视野。突破学科建设思维的另外一个要求是，要减少学科对人才培养环节的“条块”分割，引入归纳式教学方法，实现多学科在学生学习活动中的“有机”融合（曾开富 等，2016）。

7.3 未来探索

本书在对本科工程教育发展进程的研究过程中尝试探索本科工程教育规律。囿于作者的水平，上述结论、启示或有错漏之处。就未来的深入研究方向，有以下六点说明。

第一，本书的研究对象是中美两国的工学院系。以院系为研究对象，不同于以院校为研究对象。总体来看，中国对高等教育的研究以院校和学生个体研究居多，对于院系层面的研究相对较少。当代中美两国的高等教育都是以综合性大学占多数，纯粹的工程院校已经少之又少，因此，如果以院校为研究对象，很难厘清两国本科工程教育的模式与理念。同时，本书选择了较大数量的院系样本，对上百所中美工学院系的使命宣言和改革行动分别建立起语料库和案例库。有限的文献阅读表明，这种规模的语料库和案例库是同类研究普遍不具备的。尤其需要指出的是，本书的美国工学院本科工程教育改革案例库（见附录B）是从过去三四十年美国研究委员会和美国工程院发布的报告中挖掘出来的，还可以进一步发挥其研究价值。

第二，本科工程教育本身是可以分为多种类型的，这一观点在美国工程教育领域有一定的共识。比如，美国的本科工程教育和工程技术教育已经有所区别。欧林工学院的新建，表明美国本科工程教育在实践中继续分化。有限的文献阅读表明，美国虽然出现了这种实践层面的分化，但是还没有严肃的学术研究将理工模式和超越理工模式进行对比研究。中国本科工程教育研究界也没有学者明确地提出这两种模式。这是未来还可以进一步研究的问题。

第三，本科工程教育在融合工程、人文、艺术、商业等方面进入一个新的阶段，即以教学革命为基础支撑的“有机”融合阶段。围绕这一重要的发展趋势，本科工程教育研究的内容和方法还可以进一步完善。本书采用的批判话语分析方法是以语料库为基础的，案例分析是以公开文献为基础的。从研究方法看，未来还可以采用问卷研究方法、访谈法、田野调查法等进行中美工学院系比较研究。

第四，大学是一种复杂的社会组织，因此从理论上说无论多大的样本都无法保证教育研究的可推论性。在中美工学院系案例的选择方面，极有可能遗漏了两国重要的本科工程教育改革行动。对于这一问题，有两点值得说明：一是对于没有进入公众视野的改革，包括没有出现在各种公开媒体的改革案例，我们可以认为它还不足以引起整个本科工程教育领域的范式转变，或者相关的改革者还没有期望引领本科工程教育领域的改革；二是我们需要不断挖掘和发现新的案例。

第五，中国本科工程教育需要寻找或确立新的改革领头羊，即建立全新的工学院。中外的改革经验（既不限于教育改革，也不限于当代的改革）表明，在已有的体系中发动彻底的改革是困难的。基于这一原因，美国新建了欧林工学院来推动本科层次工程教育改革，新建了凯克研究院来推动研究生层次工程教育改革。二者的共同点是打破高等教育以学科为基础的传统，实施归纳式教学。不论欧林工学院和凯克研究院在未来是否能够真正同理工模式相抗衡，至少表明了美国工程教育界实现范式转换的决心。而中国现有的本科工程教育仍然是以美国理工模式为主的，而且中国本科工程教育界尚未普遍看到美国本科工程教育界的改革努力和范式转变。用美国理工模式去追赶改革中的美国，很难真正实现从追随到发展再到引领的目标。对于中国大学而言，学科仍然具有重要的、基础性的地位。“双一流”建设、学科评估等还会继续强化学科建设的地位。因此，可以说在今天的中国大学里很难营造出一种欧林工学院式的改革氛围。

第六，近年来中国先后建立了南方科技大学、浙江西湖高等研究院等新兴的高等教育机构。这一现象表明，在持续的经济高速发展以后，政府部门、非政府组织和个人已经有足够的能力和意愿为高等教育改革提供资源。但是，要看到这两所具有代表性的新兴机构还是学习和模仿美国老牌研究型大学，而美国老牌研究型大学已经是美国本科工程教育界自我革命的重要对象。从教学内容和方法上，南方科技大学、浙江西湖高等研究院等仍然是以自然科学、基础科学为主的，因而主要是演绎式教学和实验室研究相结合。从这些特征来说，这两所新建机构很难对当前中国最优质的高等教育（以“双一流”高校为典型代表）从教学方法上形成冲击，因而很难说这两所新建机构能够重新定义中国的本科工程教育。但这也给我们带来一个重要的启示，正如基础科学领域新建以改革为使命的新大学那样，本科工程教育领域也可以新建若干新大学来牵引改革。

总之，本科工程教育比较研究需要更全面的视野和更立体的视角。各国的教育改革都应注重借鉴其他国家的经验。因此，比较教育研究是各主要经济体教育研究的热点。就本科工程教育改革的中美比较研究而言，不仅要研究宏观层面，还要研究中观的院系层面，甚至微观的个体层面，不仅要研究体制和政策，还要研究背景和文化。从本书的研究可以看到，美国教育政策中的主题词（关键词）在被引入中国时，其语义和话语方式所发生的变化不是语言翻译所能解释的。因此，比较教育研究必须做到更全面、更立体——不仅要关注国家的政策导向，还要关注院校、院系乃至师生个体。

附录 A[*]

《高等工程教育研究》刊发的中国工科院系本科工程教育改革案例[**]

1. 北京航空航天大学建立中法工程师学院

2004 年，北京航空航天大学与法国中央理工大学集团共同创建了隶属于北京航空航天大学的二级学院——中法工程师学院。中法工程师学院的定位为培养兼有工程技术和管理科学知识的国际化高级工业企业管理工程师。该学院的学制为 6 年，学生毕业后获得北京航空航天大学的本科毕业证书和学士学位证书、硕士毕业证书和硕士学位证书，同时获得法国工程师学位委员会认证的工程师文凭。其中前 3 年为预科阶段，后 3 年为工程师教育阶段。预科阶段的教学主要是法语语言学习和基础学科、计算机学科的学习。进入工程师教育阶段以后，学生在机械与航空工程，材料、生物与纳米科学，信息、通信、自动化工程，企业运作、生产管理工程，能源与环境工程等若干个方向中选择专业。工程师教育阶段的一个特征是重视实践，中法企业界的高级工程师和专家将大量参与专业基础课和专业课的教学，3 年总计可达 2600 多个课时。此外，该学院在第 4 年和第 6 年的下学期，分别安排学生到企业进行为

---

* 为方便对应出处，附录部分以脚注形式进行标注，与正文部分不同。某些院系的改革发起时间较早，相关成果发表在《高等工程教育研究》时篇幅较小、信息有限，附录 A 中主要收录 2004 年以后《高等工程教育研究》刊发的中国工科院系本科工程教育改革案例。因此，前文表 6-2 中涉及 56 个工科院系，但附录中只有 51 个改革案例。

** 本部分案例根据《高等工程教育研究》刊发文章内容整理。

期2至3个月和4至6个月的实习。中法工程师学院设立联合管理委员会，北京航空航天大学校长出任联合管理委员会主席，法国中央理工大学集团校长出任副主席。中法双方各推荐一位负责人担任中方院长和法方院长。北京航空航天大学提供办学所需的硬件资源和中方师资。法国中央理工大学集团派出法国教师，制定教学大纲、教学方法，建立与法国企业界的联系。①②③

2. 北京航空航天大学机械工程与自动化学院探索面向工程教育的STEP教学模式

北京航空航天大学机械工程与自动化学院探索面向工程教育的STEP教学模式，即按照软件（Software）、理论（Theory）、实践（Experience）和项目（Project）的逻辑脉络设计微观层面的课程和宏观层面的本科培养方案、课程体系等。其中，项目（Project）被作为面向工程教育的STEP教学模式的核心。④

3. 北京航空航天大学电子信息工程学院开发案例分析课程

北京航空航天大学电子信息工程学院的“电子信息商业案例分析”课程重点采用案例分析的教学方法。该课程选择智能手机、移动通信、互联网、物联网作为探究对象，讨论上述“热门”事物背后的产品设计、成本控制、市场营销、商业模式、技术标准、创业与创新精神等。该课程的教学目标是开阔学生的视野，激发学习热情，培养系统思考、团队合作与表达沟通能力，使学生初步建立创业意识、成本意识、专利意识、标准意识、网络化意识等。⑤

---

① 萨日娜，王梅，崔敏，林立婷，张晓雯，于黎明．工程师法语教学在中国的探索与实践——以北航中法工程师学院为例［J］. 高等工程教育研究，2014（03）：135-143.

② 熊璋，于黎明，徐平．法国工程师学历教育认证解读与实例分析——兼谈北航中法工程师学院的实践［J］. 高等工程教育研究，2012（05）：77-83.

③ 刘扬，赵婷婷．研究型大学国际化案例研究：北航中法工程师学院［J］. 高等工程教育研究，2011（01）：24-27+32.

④ 于靖军，郭卫东，陈殿生．面向工程教育的STEP教学模式［J］. 高等工程教育研究，2017（04）：73-77.

⑤ 张有光．“电子信息商业案例分析”课程的思考与实践［J］. 高等工程教育研究，2013（03）：163-167.

4. 东南大学测控技术与仪器本科专业人才培养方案修订

1999 年和 2003 年，东南大学两次对测控技术与仪器专业本科生培养方案做了重大修订。2003 年，东南大学将测控技术与仪器本科专业人才培养目标确定为：以信息科学的理论为基础，培养测控技术与仪器领域内的高层次、高素质、具有创新精神与能力的“研究型”和“复合型”高级工程技术人才。该培养方案将课程体系分为自由教育课程、电子信息大类学科基础课程、专业主干课程和专业任选课程四类。2003 年的人才培养方案修订将学时分配向自由教育课程和电子信息大类学科基础课程倾斜。同时，增加了实践课程和实践环节，加强了专业教学实验室的建设。[①]

5. 东南大学工程管理专业根据核心能力推进系统改革

东南大学土木工程学院依据国家注册建造师、造价工程师、监理工程师的执业要求，整理形成了工程管理专业的专业核心能力建设和培养清单。根据清单，工程管理专业系统修订培养计划，重构课程体系，构建资源支撑平台和国际化平台。[②]

6. 华南理工大学材料科学与工程专业加强实践创新

华南理工大学材料科学与工程专业的改革主要针对“工程教育科学化”问题，尤其是针对实践教学和毕业设计中的薄弱问题。该专业的具体改革举措包括：修订培养方案，提出知识、能力、素质“三位一体”的教学目标；重组课程体系，将课程分为公共基础课程、材料学科基础课程、材料专业领域课程、材料专业实践、自由及人文素质教育五大模块；健全实践教学内容体系，形成认识实践、基础性实践、综合设计训练、研究与创新性实践四个实践环节。[③]

---

① 宋爱国，况迎辉. 测控技术与仪器本科专业人才培养体系探索 [J]. 高等工程教育研究，2005 (01)：48-51.

② 袁竞峰，李启明，杜静. 高校工程管理“一体两翼”专业核心能力结构探析 [J]. 高等工程教育研究，2014 (04)：116-120.

③ 王迎军，项聪，余其俊，曾幸荣，刘粤惠. 材料科学与工程专业学生实践创新能力的培养 [J]. 高等工程教育研究，2012 (05)：127-131.

7. 华南理工大学电子与信息学院推进多轮专业综合改革

华南理工大学电子与信息学院先后于2009年和2012年完成电子信息类专业的综合改革。2009年的改革采用三类“特色班”培养方式、建设贯通式课程体系、搭建立体化创新实践平台，从个性、知识、能力三方面对精英人才进行针对性培养，引导学生明确成长目标，不断获得克服困难、解决问题的成功体验，形成“目标+持续成就感”的正向反馈与良性循环的持续强化培养。2012年完成的综合改革则更系统地引入“人才成长动力模型”与“知识经济创新价值链条模型”，并据此改革课程体系、实践平台、教学方法等。①②

8. 华中科技大学完成材料成型与控制工程专业的改革

1998年，国家教育委员会（今教育部）将原铸造、锻压、焊接、热处理等专业合并为“材料成型与控制工程”专业。华中科技大学材料科学与工程学院按照机械大类的改革思路对新合并建立的“材料成型与控制工程”专业进行改革设计。在世纪之交的专业整合中，“材料成型与控制工程”专业的整合方式可以分为多种类型，包括累积综合类型、偏机械类型、偏材料类型和偏某特色方向类型等。华中科技大学的“材料成型与控制工程”专业改革按照宽口径、厚基础、淡化专业的目标设置了新专业的培养方案并制定了相应的教学方法。③

9. 华中科技大学电子与信息工程系改革实践教学模式

华中科技大学电子与信息工程系钟国辉等在工程实践教学方面做出了很多改革探索。该系从大二学生中选拔优秀学生组建了“种子班”。在“种子班”的“微机原理”课程中，钟国辉等将验证型实验改为设计型实验。2002年，华中科技大学电子与信息工程系创建了“Dian团

① 徐向民，韦岗，李正，殷瑞祥．研究型大学精英人才培养模式探索——华南理工大学电子信息类专业教育改革的实践［J］．高等工程教育研究，2009（02）：59-65.

② 徐向民，韦岗，李正，殷瑞祥，晋建秀．面向国家新型工业化，培养高素质创新型人才——华南理工大学电子与信息学院的工程教育综合改革［J］．高等工程教育研究，2012（04）：15-24.

③ 樊自田，魏华胜，陈立亮，黄乃瑜．建设新型课程体系 培养宽知识面人才［J］．高等工程教育研究，2004（01）：11-14.

队”，其全称为“基于导师制的人才孵化站”。“Dian 团队”的教学基于真实项目，项目的提供者为真实企业。在教学过程即项目完成过程中，“Dian 团队”的教师从德育和专业等方面全面指导学生。学生分组开展项目工作，按照真实工作场景同企业沟通。学生项目组中的研究生和高年级学生担负一定的指导责任，因此被称为“导生”。“种子班”全面基于项目设计开展教学。[①②] 2008 年，华中科技大学成立启明学院。启明学院是华中科技大学教育改革的创新示范区。“种子班”和“Dian 团队”都被纳入启明学院。启明学院在“种子班”和“Dian 团队”的基础上建立了“基于项目的信息大类专业教育试点班”，以项目为基本教学形式推进创业教育。[③]

10. 华中科技大学计算机科学与技术学院的本科工程教育改革

进入 21 世纪以来，华中科技大学计算机科学与技术学院的本科工程教育改革已经经历多轮，分别形成 CS2001、CS2008 和 CS2013 等几个版本的计算机本科专业培养方案。在最近一轮的改革中，该学院提出，计算机学科已经发生学科范式的转变——随着多核技术的普及与大数据时代的到来，以冯·诺依曼结构为代表的串行计算知识内容体系已不能满足时代对技术发展的需求。计算机学科的本科教育需要培养学生的并行计算思维和并行计算系统能力。因此，该学院的改革以教学内容和课程体系的更新为重点，在本科教育中纳入并行计算，并且系统重构本科培养方案。[④⑤] 2010 年，该学院建立了基于 CDIO 的物联网工程新

① 钟国辉，刘玉．创新人才培养与 Dian 团队模式［J］．高等工程教育研究，2007（06）：94-96.

② 刘勃，刘玉，钟国辉，张建林．基于真实项目的实践教学体系探索［J］．高等工程教育研究，2012（01）：116-120+126.

③ 彭静雯，刘玉．如何对大学生进行创业精神培养——“基于项目的信息大类专业教育试点班”案例［J］．高等工程教育研究，2013（06）：143-147.

④ 陆枫，金海．将并行计算纳入本科教育 深化计算机学科创新人才培养［J］．高等工程教育研究，2016（06）：108-112.

⑤ 陆枫，金海．计算机本科专业教学改革趋势及其启示——兼谈华中科技大学计算机科学与技术学院的教改经验［J］．高等工程教育研究，2014（05）：180-186.

专业。[①]

11. 华中科技大学光电工程推进系统的工程教育改革

华中科技大学光电信息国家试点学院、光学与电子信息学院的本科教学改革主要举措包括：以核心节点课程为线索构建学习共同体。解决课程知识重复的问题，形成核心节点课程。每学期开设1至2门节点课程，每门课程3至4名本科生组成项目组完成一个项目。建立光电专业实践教学体系，涵盖大学生创新创业大赛、企业合作、学科竞赛、项目试验等。实现师生互动“数字化”，包括出版数字教材，建立慕课微课等。加强师资队伍建设，建立核心课程教学团队，完善教师考核标准中的教学要求。围绕项目教学，华中科技大学高等工程教育研究中心课题组设置了相应的教学评价体系。[②③]

12. 华中科技大学机械工程面向21世纪制定培养方案

1996年，华中科技大学机械学院牵头承担了“机械类专业人才培养方案及教学内容体系改革的研究与实践”“工程制图与机械基础系列课程教学内容和课程体系改革的研究与实践”等教改项目，面向21世纪设计机械工程本科教育的改革。改革的总体思路被确定为“降低重心，注重交叉，扩大专业面向；提高起点，重视基础，加强自由教育；创造条件，建设基地，强化实践环节；压缩学时，抓紧‘三改’（即教学内容、教学方法和教学手段三方面的改革），发展健康个性”。[④] 此外，华中科技大学机械学院推进专业课程体系化双语教学的改革，也取

① 秦磊华，石柯，甘早斌．基于CDIO的物联网工程专业实践教学体系［J］．高等工程教育研究，2013（05）：168-172.

② 柯佑祥，唐静，谢冬平，张新亮，刘继文，聂明局．从“精英”到“群英”：一流本科教学的困局与超越——华中科技大学光电信息国家试点学院教学改革的探索与实践［J］．高等工程教育研究，2017（02）：160-165.

③ 华中科技大学高等工程教育研究中心课题组，李瑾，陈敏，林林．项目学习的评价——光电工程创新创业人才培养的工程训练体系探索［J］．高等工程教育研究，2010（06）：82-87.

④ 杨叔子，周济，吴昌林，张福润，戴同．面向21世纪机械工程教学改革［J］．高等工程教育研究，2002（01）：11-13+17.

得了一定的成效。[①]

13. 华中科技大学热能与动力工程系推进专业实质性融合

华中科技大学的热能与动力工程系是 1998 年由校内的 3 个系 5 个专业合并而成的。进入 21 世纪以后，其改革举措包括强化教学在学科建设中的作用和地位、创新专业人才的培养模式、构建科学合理的课程体系、加强教材建设、实行“四结合”的专业实习新模式、建设校内实习基地、重组设计教学环节等。改革的核心仍然是加强原有 5 个专业的实质性融合。[②]

14. 华中科技大学软件专业推进以需求为导向的改革

华中科技大学软件专业的改革以行业人才需求和学生发展需求调研为基础，系统改革教学内容、课程体系、教学方法、师资队伍、质量监控体系等。[③]

15. 华中科技大学生物医学专业建设光子学特色方向

华中科技大学自 1997 年起系统地开展了生物医学光子学特色方向本科教学体系建设的探索与实践。基于生物医学工程学科的特点，借鉴国内外最新教学成果，华中科技大学建立了一套具有生物医学光子学特色方向的本科教学体系。在原有生物医学工程课程设置的基础上，先后开设了“应用光子学基础”“生物医学光子学”“激光医学工程”“显微光学成像原理与应用”等课程，并配套设计了相关的实验教学内容。[④]

16. 华中科技大学“土木工程材料”课程改革实验教学

华中科技大学土木工程与力学学院开设的“土木工程材料”课程

---

① 任卫群，饶芳．工科专业类课程双语教学的体系化［J］．高等工程教育研究，2005（03）：103-106.

② 刘伟，蔡兆麟，黄树红，舒水明，黄俭明．构建热能与动力工程专业创新教学体系［J］．高等工程教育研究，2005（01）：44-47.

③ 肖来元，邱德红，吴涛．以需求为导向的软件专业工程教育改革研究与创新实践［J］．高等工程教育研究，2013（06）：148-152.

④ 骆清铭，朱丹，曾绍群，龚辉，李鹏程，刘谦，赵元弟．生物医学光子学特色方向本科教学体系建设初探——以华中科技大学为个案［J］．高等工程教育研究，2008（04）：106-109+145.

重点改革其实验教学方式，探索形成了兴趣小组探索型实验和多方案实验两种新的实验形式。①

17. 南京大学探索微电子领域新兴工科建设

作为依托综合性大学的本科工程教育，南京大学电子科学与工程学院提出了“三新五结合”本科工程教育改革方案。其中，“三新”是指：目标要求新，重点培养有全球视野和领导能力的人才；体系领域新，主要面向新兴领域；培养方法新，采用ABET工程教育认证标准，教学环节以学生为中心。“五结合”则指与综合性大学优势相结合，与专业优势特色相结合、与国家重大战略需求相结合、与创新创业教育相结合、与教学改革相结合。②

18. 清华大学电机工程系探索本科拔尖创新人才的培养

清华大学电机工程与应用电子技术系（简称电机工程系）经过广泛的调研，将本科人才培养目标确定为“培养基础扎实、创新能力突出的电气工程专业人才”，明确了“重基础、强实践、坚持大专业培养”的教育理念。在教学环节，明确提出以科研项目为载体、加强实践平台建设的创新人才培养模式。③ 电机工程系的“电路原理”课程采用研究型教学方法，将大课、习题课、讨论课和实验课四种类型的课程相结合，培养学生的创新思维和工程研究方法。④

19. 清华大学电子工程系推动通信电路实验改革

清华大学电子工程系开设的“通信电路实验”课程进行了教学方式的改革。该课程以学生为主体，将实验课程设置为基础实验、专题实验、系统设计实验三个层次。尤其是在系统设计实验层次，学生需要分

---

① 张长清，金康宁．“土木工程材料”创新实验探索［J］．高等工程教育研究，2004（01）：80-82.

② 徐骏，王自强，施毅．引领未来产业变革的新兴工科建设和人才培养——微电子人才培养的探索与实践［J］．高等工程教育研究，2017（02）：13-18.

③ 康重庆，董嘉佳，董鸿，孙劲松．电气工程学科本科拔尖创新人才培养的探索［J］．高等工程教育研究，2010（05）：132-137.

④ 于歆杰，陆文娟，王树民．专业基础课中的研究型教学——清华大学电路原理课案例研究［J］．高等工程教育研究，2006（01）：118-121.

组完成自主学习、自主设计，全面培养了学生的知识综合应用、工程实践、书面表达和口头表达能力等。[①]

20. 清华大学工业工程系推广项目教学

清华大学工业工程系的本科教学强调通识、专识和实践能力。其中最显著的一个特征是大量引入项目教学。据研究，2004 年开设的 38 门课程中，全部有项目（Project）的要求。项目教学（Project-Based Learning，PBL）被认为是“把项目引入课堂，以项目为主线、理论为辅线，以项目为明线、理论为暗线”。另外一个显著的特征是将校园实验室与“社会实验室”相结合，引导学生走入真实的工程环境。[②] 该系开设了“跨学科系统集成设计挑战”等课程。课程以项目设计为主，清华大学不同院系的学生以及全球若干所兄弟院校的师生共同参与了课程设计。课程把学生分为挑战方与任务方，按照工作流方法进行项目设计。[③] 该系加入 CDIO 全球工程教育改革组织，并且在“数据结构及算法”“数据库系统原理”两门课程中采用 CDIO 的教学方法。[④]

21. 清华大学机械基础实践教学引入 CDIO 理念

清华大学精密仪器与机械学系开设的“机械基础实践”课程主要面向机械工程专业。该课程的改革引入 CDIO 理念和方法，将课程教学分为讲座与参观、拆装分析、总结交流与答辩三部分。该课程以团队项目形式进行，综合使用设计教学法、问题教学法、任务导向法、小组讨论法等教学方法。[⑤]

22. 清华大学土木工程系开设“工程概论”课程

清华大学土木工程系针对本科工程教育学生大一大二阶段学习方向

---

① 陈雅琴，勾秋静，皇甫丽英．面向学生，培养创新精神和实践能力［J］．高等工程教育研究，2004（06）：84-86.

② 李曼丽．变革中的实践教育理念——清华大学工业工程系案例分析［J］．高等工程教育研究，2006（02）：22-25.

③ 顾学雍，王德宇，周硕彦，杨富方，卢达溶．分布式学习工作流：融合信息技术与实体校园的操作系统［J］．高等工程教育研究，2013（02）：72-81+89.

④ 顾学雍．联结理论与实践的 CDIO——清华大学创新性工程教育的探索［J］．高等工程教育研究，2009（01）：11-23.

⑤ 郝智秀，季林红，冯涓．基于 CDIO 的低年级学生工程能力培养探索——机械基础实践教学案例［J］．高等工程教育研究，2009（05）：36-40.

迷茫、接触工程实践少的问题，探索“工程概论”课程与教材的建设。“工程概论”课程以现代工程为背景，以信息技术为手段，改革教学内容和方法，培养学生的工程意识、事业心、责任感和创新思维等。①

23. 上海交通大学机械与动力工程学院推进工程设计改革

上海交通大学机械与动力工程学院是教育部首批17所试点学院之一。该学院先后推进国际工程合作Capstone项目、国际工程研究与教育联盟GEARE项目和海外夏令营三类国际合作项目。合作院校包括美国的宾州州立大学、伍斯特理工学院、东北大学等，这几所院校的本科工程教育改革也在美国工程院的报告中被提及。②

该学院还着眼于提升学生的工程思维能力与经验知识，在培养计划中提高实验与课程项目的比重。该学院开设“工程学导论”“设计制造”系列课程（设计制造Ⅰ、设计制造Ⅱ、设计制造Ⅲ）、“工程设计”等课程，结合毕业设计，使学生完成从简单产品到机构系统再到复合机电系统的低、中、高三个层次的项目设计全过程。③

该学院对“工程热力学”课程的教学模式与评价方式进行改革。在教学模式方面，“工程热力学”课程大量引入微课堂和项目教学。微课堂是指打破传统的教案教学顺序，把传统的长时段课堂切分为较小的几个单元，将教学时间更多地分配给学生讨论互动。项目教学则是在课程中更多地引入综合性项目，由学生组成团队进行项目设计。在评价方式方面，从知识、能力、素质等方面设计教学评价量表。④

24. 上海交通大学建立上海交大-巴黎高科卓越工程师学院

2014年，上海交通大学建立了上海交大-巴黎高科卓越工程师学

---

① 罗福午，于吉太．以现代工程为背景，进行生动有效的工程教育［J］．高等工程教育研究，2004（02）：51-54.

② 黄倩，刘应征，奚立峰．机械工程教育国际合作模式的探索和实践［J］．高等工程教育研究，2014（05）：172-175.

③ 邵华，吴静怡，奚立峰．基于课程项目的工程思维能力培养与工程经验知识获取［J］．高等工程教育研究，2014（03）：144-147.

④ 于娟．工程类基础课程多元化教学模式及评价——以工程热力学教学实践为例［J］．高等工程教育研究，2017（04）：174-177.

院。该学院本科生的学制为 6.5 年，毕业学生获得上海交通大学学士学位、工程硕士学位和法国工程师学位委员会认证的工程师文凭。在校的前 3 年为包括数学、物理、化学、计算机等学科在内的基础课学习阶段，第 4 年开始进入分专业工程师学习阶段。在教学方法上，学院更多地采用法国模式，习题课、实验课、跨学科项目、口试考核等占很大的比重。①

25. 上海交通大学建立密西根学院

2006 年，经教育部批准，上海交通大学和美国密歇根大学联合组建了密歇根学院。该学院是非独立法人办学机构，是一个完全按国际一流大学标准和模式运行的国际化办学特区。上海交通大学和密歇根大学通过密西根学院实现了学分互认、学位互授、教授互聘、课程共享、全英文授课，通过全方位的本科工程教育改革探索，在一流师资队伍建设、拔尖创新人才培养、办学体制机制改革等方面取得重要突破。②

26. 天津大学生物医学工程专业探索 Team Work 教学方法

20 世纪 90 年代末期，天津大学精密仪器与光电子工程学院生物医学工程与科学仪器系生物医学工程专业组织 150 名本科学生开展了“CT 图像重建算法的 Team Work 实践”教学改革。该项改革将学生分为若干团队，以团队形式推进学生的自主学习和相互合作。③

27. 天津大学“材料力学”课程采用探究式教学方法

天津大学机械工程学院开设的工科基础课“材料力学”课程探索探究式教学。该课程以学生为主体，通过探究各种经过设计的、与课程内容密切相关的研究问题，引导学生深入思考，提高学生分析和研究实际问题的能力。课程采用网络学习、小组研讨等多样化的学习方式，激

① 李萍，钟圣怡，李军艳，欧亚飞．借鉴法国模式，开拓工科基础课教学新思路［J］．高等工程教育研究，2015（02）：20-28+61.

② 张申生．引进创新 走向一流——上海交大密西根学院的工程教育改革探索［J］．高等工程教育研究，2011（02）：16-26.

③ 万柏坤，李清，杨春梅，丁北生．Team Work：培养创新能力和团队精神的好形式［J］．高等工程教育研究，2004（02）：83-84.

发学生的学习兴趣。①

28. 同济大学工程管理专业完成核心课程教学大纲的修订

同济大学工程管理专业从核心知识和能力层面对课程体系进行分析和改革。改革将工程管理专业教学分成三条主线，即项目管理教学主线、全生命周期管理教学主线以及建筑经济管理教学主线。根据三条主线确定了各条主线内部课程之间的逻辑关系。②

29. 同济大学推进“现代机械工程师基础”课程建设

同济大学机械与能源工程学院的“现代机械工程师基础”课程主要面向机械类专业大四本科生和研究生开设。课程的改革举措是与行业龙头企业上海振华重工（集团）股份有限公司合作。主要的教学形式包括理论教学、企业现场参观、企业专家讲座等。③

30. 武汉大学资源与环境科学学院拓展基地与课程教学

武汉大学资源与环境科学学院的本科工程教育改革的主要举措是拓展实践教学基地和课程教学。该学院将三峡工程作为综合实习基地。依托三峡工程建立起实地平台、信息系统平台，实现参观学习型、调研型、科研合作型的实践教学。④ 在课程拓展方面，“土地信息系统”课程从信息技术方向和专业应用领域方面拓展课程内容，在教学上则通过科研项目和工程项目实现课程拓展。学院从软硬件等方面为课程拓展提供保障。⑤

31. 西北工业大学“飞行器总体设计”课程改革教学方法

西北工业大学航空学院开设的“飞行器总体设计”课程是飞行器

---

① 冯露，亢一澜，王志勇，孙建，王世斌，贾启芬，沈岷．基于问题学习的探究式教学改革实践［J］．高等工程教育研究，2013（04）：176-180.

② 陈建国，李秀明，刘德银，曾大林．工程管理专业核心课程教学大纲及其优化［J］．高等工程教育研究，2013（05）：135-139.

③ 秦仙蓉，张氢，管彤贤，归正，陈卫明，孙远韬．面向“卓越工程师”培育的“现代机械工程师基础”课程建设［J］．高等工程教育研究，2014（03）：153-157.

④ 刘艳芳，焦利民，刘耀林．依托三峡基地，构建多学科实践教学平台［J］．高等工程教育研究，2004（05）：21-25.

⑤ 唐旭，刘耀林，刘艳芳，胡石元．面向行业发展的“土地信息系统”课程拓展教学研究［J］．高等工程教育研究，2009（06）：143-148.

设计与工程本科专业的主干课程。该学院从教材、课堂组织和考核方法等方面改革教学。在比较国内外航空教育系列教材和参考书以后，课程选定了最优秀的国外教材。在课堂组织方面，课程设置 3 至 5 人为一组的设计小组完成课程题目。在考核方法方面，着重考核学生的创造能力。①

32. 浙江大学电子信息类专业课程体系改革

浙江大学以知识点为主线，整合电子科学与技术和信息工程两个本科专业的资源，重构课程体系。浙江大学信息与电子工程学院将全学院开设的 130 余门课程分为微电子与光电子、场与波、电路与系统、通信与网络、信号与信息处理 5 个课程群。在此基础上修订本科专业培养方案，由通识课程、数理与工程必修、专业必修、专业选修、实践环节五类教学活动构成培养方案。②

33. 浙江大学建立精英计划推进本科工程教育改革

1994 年，浙江大学建立本科工程教育高级班，简称“工高班”。“工高班”成为浙江大学推进本科工程教育的重要抓手。浙江大学于 2000 年成立了竺可桢学院。“工高班”和竺可桢学院的本科工程教育改革，注重工程技术新手段、新思想的输入，凸显工程实践教育，引入工程创业的理念。进入 21 世纪以来，浙江大学系统研究美国本科工程教育改革，尤其是欧林工学院的改革和美国工程院大挑战学者计划等，先后多次系统修改“工高班”的培养方案。③④⑤⑥

---

① 杨华保，王和平．“飞行器总体设计”精品课程教学改革探索［J］．高等工程教育研究，2007（01）：131-132.

② 章献民，杨冬晓，杨建义．电子信息类专业课程体系的改革实践［J］．高等工程教育研究，2017（04）：178-181.

③ 邹晓东，陆国栋，邱利民．工程教育改革实践探索——浙江大学工高班改革路径分析［J］．高等工程教育研究，2014（05）：15-22.

④ 邹晓东，李铭霞，陆国栋，刘继荣．从混合班到竺可桢学院——浙江大学培养拔尖创新人才的探索之路［J］．高等工程教育研究，2010（01）：64-74+85.

⑤ 张慧，钟蓉戎，陈劲．荣誉学院学习优秀生非智力因素特征分析——以浙江大学竺可桢学院为例［J］．高等工程教育研究，2011（05）：144-147.

⑥ 金一平，吴婧姗，陈劲．复合型人才培养模式创新的探索和成功实践——以浙江大学竺可桢学院强化班为例［J］．高等工程教育研究，2012（03）：132-136+180.

34. 浙江大学化工系推进本科工程教育的系统改革

浙江大学化工系根据国际化工学科与产业的发展趋势，以“过程工程”和“产品工程”为主线，通过课程体系建设、实习基地拓展、竞赛训练和特色班强化培训四个方面的改革培养创新创业型人才。[①]

35. 浙江大学建设能源与动力实验教学中心

浙江大学能源与动力实验教学中心成立于1999年。该中心建立了一套开放性创新实验教学新体系。新体系包括四个知识系统、三个教学层次和三类教学平台。[②]

36. 浙江大学“工程流体力学”课程编制电子辞典

浙江大学土木工程系首次提出了电子辞典这一概念。该系开设的“工程流体力学”课程编制了电子辞典。该电子辞典用多媒体表现形式使抽象的理论具体化、形象化，能在很大程度上提高教学效率和学生的实际能力。[③]

37. 浙江大学改造光学工程专业

浙江大学于世纪之交对传统的光学工程专业完成了系统改造。改造提出了四个原则：端正专业教学思想、明确专业教学主线、更新教学内容、改革教学方法与教学手段。改造表现在七个方面：制定专业教学计划、形成专业教学大纲、优化教师队伍、建设实践教学基地、引进先进教学手段、增加经费投入、倡导教学法研究。[④]

38. 中南大学矿物加工工程专业改革人才培养模式

中南大学矿物加工工程专业自20世纪末开始推进本科人才培养模式改革。矿物加工工程专业的前身为选矿工程，改革的主要方向是将专

---

① 李伯耿，陈丰秋，陈纪忠，吴嘉．以创新创业型人才培养为核心打造专业新特色［J］．高等工程教育研究，2011（03）：97-99+108.

② 方惠英，邱利民，陈炯，胡亚才，俞自涛．立足能源科技前沿 构建实验教学创新体系［J］．高等工程教育研究，2011（05）：157-160.

③ 张燕，毛根海，陈少庆．工程流体力学电子辞典的设计与编制［J］．高等工程教育研究，2002（02）：77-79.

④ 曾广杰，郗蕴超，徐国斌，刘向东．传统专业改造的探索与实践［J］．高等工程教育研究，2003（03）：13-16.

业口径拓宽。总体上看，改革从培养方案、课程体系、教师队伍、实践基地、教学方法、教学手段和制度保障等方面全面展开。改革以后，按“矿物与材料类”大类招生，采用“1+3”分段专业培养模式，培养方案设置公共、大类、专业三类课程平台，第 1 学年为相同的公共课程和大类课程学习，后 3 个学年为不同的专业课程学习。在第 1 学年通识教育基础上，学生可自主选择专业。改革将培养方案的总学分降低，将原有的多门课程合并综合，并推进教学方法的改革。改革保证了实践教学的学时、学分不降低，同时加强了实践平台的建设。改革还加强了教师队伍建设等。①②

39. 中南大学建立荣誉学院

中南大学依托冶金院、机械工程学院、材料院、交通运输学院等七大优势工科专业学院建立荣誉学院。荣誉学院下设若干工程教育试点班。荣誉学院按照“面向工程、宽基础、强能力、重应用”的培养方针，着力培养具有较强基础知识与应用能力、创新精神和人文精神的高级工程技术和管理领军人才。在教学方面，一方面发挥专家教授的学术与科研优势，依托实验室加强实验型教学；另一方面积极倡导专业学院与合作企业加强联系，使得校企联合培养计划实施条件更加完备。③

40. 中南大学软件学院引入 CDIO 理念与 CMM 模型

中南大学软件学院的本科工程教育改革主要引入了 CDIO 理念和能力成熟度模型（Capability Maturity Model，CMM）。该模型是美国卡内基梅隆大学软件工程研究所推出的评估软件能力与成熟度的一套体系。

① 邱冠周，黄圣生，胡岳华，刘新星，王海东．矿物加工工程学科 创新人才培养体系的探索与实践［J］．高等工程教育研究，2002（05）：22-25.

② 胡岳华，宋晓岚，邱冠周，姜涛，刘新星，伍喜庆．建设国际一流学科，培养复合拔尖人才——多学科交叉矿物加工人才培养模式创新与实践［J］．高等工程教育研究，2011（02）：112-117.

③ 韩响玲，刘义伦，王俊杰，欧阳辰星，黄和平．创新型高级工程人才培养与管理模式探索——基于中南大学创新型高级工程人才试验班实践的思考［J］．高等工程教育研究，2010（05）：122-126.

它提供了一个过程能力阶梯式进化的框架，阶梯分为五个不断进化的级别：初始级、可重复级、已定义级、已管理级和优化级。每个级别描述了具有某个成熟度级别软件机构所具有的主要特征，都提供了一个软件过程改进层次，每个层次依据关键过程域中的关键实践来达到软件能力成熟度的提升。中南大学软件学院将 CDIO 理念和 CMM 模型相融合，基于 CDIO-CMM 来评价教学效果、教师能力，并基于 CDIO-CMM 修订培养方案。①②③④

41. 中南大学土木工程专业建立多元化人才培养模式

中南大学土木工程专业自 2002 年以来持续对主要用人单位进行用人情况调查。根据调查结果，土木工程专业的人才培养目标被细分为工程应用型人才、研究创新型人才、国际项目型人才三类，并且分别建立了卓越班、天佑班、中澳班等特色班级。土木工程学院为特色班级修改制定培养方案，并从导师队伍、课程体系、教学方法、学习方法、竞争机制等方面全面改革。⑤

42. 重庆大学工程管理专业推进知识融合与课程集成

工程管理专业以工程技术、管理、经济和法律为四个重要支撑平台。在教学中，四个平台容易出现“条块”分割、知识融合度不够的问题。重庆大学对工程管理专业的改革主要是推进知识融合与课程集成，提出了基于知识融合的工程管理专业平台课程集成模式——“渐进式一体化”教学模式。⑥

---

① 胡志刚，江林，任胜兵．基于 CMM 的教师 CDIO 能力评估与提升［J］．高等工程教育研究，2010（03）：26-31.

② 胡志刚，任胜兵，陈志刚，费洪晓．工程型本科人才培养方案及其优化——基于 CDIO-CMM 的理念［J］．高等工程教育研究，2010（06）：20-28.

③ 江林，胡志刚，杨柳．面向卓越工程人才培养的教学团队能力评估与持续改进方法［J］．高等工程教育研究，2012（06）：31-37.

④ 陈志刚，刘莉平，沈海澜．软件工程人才“一点两翼”实践教学体系的研究［J］．高等工程教育研究，2013（05）：173-176.

⑤ 李萍，钟圣怡，李军艳，欧亚飞．借鉴法国模式，开拓工科基础课教学新思路［J］．高等工程教育研究，2015（02）：20-28+61.

⑥ 任宏，晏永刚．工程管理专业平台课程集成模式与教学体系创新［J］．高等工程教育研究，2009（02）：80-83.

43. 重庆大学机械工程学院持续推进改革

20 世纪 90 年代以来，重庆大学机械工程学院的本科工程教育改革持续进行。世纪之交的改革主要完成了培养方案的四方面修订：设计知识模块整体框架，按照削减深度、扩展广度的原则，减少了总学时，规定了公共基础课、专业技术基础课、专业方向课、任选课四类课程；优化自然科学基础模块，增强了数学、化学、计算机科学等相关学科的教学；改革专业课程体系，设计了七个专业方向课组合；整合了实践教学环节。①②③④⑤

世纪之交的改革完成以后，重庆大学机械工程学院将改革主要着力点放在工程实践与工程设计教学方面。学院加强了工程综合实践，引入案例教学、团队项目等形式开展实践教学。2010 年启动的卓越工程师教育培养计划将重庆大学机械工程学院的本科教学改革引向深入。根据卓越工程师教育培养计划的人才培养标准，学院形成了课程流程图、课程与毕业生能力实现矩阵等。与世纪之交的改革相比，卓越工程师教育培养计划实施以来的改革更加注重能力实现、企业合作与课程综合。⑥

44. 重庆大学软件学院构建实践教学体系

重庆大学软件学院确立了软件工程人才培养体系。该体系提出四个“不断线”——外语学习不断线、实践能力培养不断线、计算机应用能力培养不断线、文化素质培养不断线。学院系统地设计实践教学，按照实验、实训、实习三个阶段组织实践教学，培养学生的软件编程能力、

---

① 张济生．对培养大学生实践能力的认识［J］．高等工程教育研究，2001（02）：37-40.

② 张济生，刘昌明，梁锡昌，李文贵，刘英．面向 21 世纪机械类专业人才培养方案的研究与实践［J］．高等工程教育研究，2003（01）：14-16.

③ 谢志江，孙红岩，蒋和生，张济生．案例教学法在工科教学中的应用［J］．高等工程教育研究，2003（05）：75-77.

④ 陈国聪，张济生．开展工程综合实践 培养学生实践能力［J］．高等工程教育研究，2004（02）：80-82.

⑤ 唐一科，刘昌明．机械学科本科人才的社会需求与培养实践［J］．高等工程教育研究，2004（02）：5-7.

⑥ 李良军，易树平，严兴春，罗虹，鞠萍华．研究型大学本科的卓越计划培养方案——以重庆大学机械工程及自动化专业本科为例［J］．高等工程教育研究，2013（03）：46-50.

软件应用能力、软件工程能力、职业能力。实践活动的教学被分为导入、示范、训练、评价、强化、反馈、应用、监管八个环节。案例教学和软件项目实践在该学院的教学中占有很大的比重。据统计，学生项目实践成绩已经占到各科总成绩的30%至70%。[①]

45. 北京交通大学工业工程系引入CDIO理念并建立能力大纲

北京交通大学工业工程专业根据CDIO理念推进改革并重点建立起能力大纲。制定能力大纲主要调查了校友、职场、国际职业能力标准、国内外兄弟院校经验等几个方面的信息。在能力大纲的基础上，北京交通大学工业工程系系统地改革和完善课程体系，形成了以项目为基础的集成化课程体系。在教学活动中，北京交通大学工业工程系提出并推广“以学生为中心”的教学。[②]

46. 北京交通大学软件学院培养国际化软件人才

北京交通大学软件学院的本科工程教育改革按照国际化、实践型的思路设计。该学院根据CDIO理念明确了能力培养的六个目标：获取知识的能力——学习能力；运用知识的能力——分析与解决问题的能力；共享知识的能力——团队协作能力；发现知识的能力——创新与创业能力；传播知识的能力——交流与表达能力；国际环境下工作的能力——英语实用能力和对国际工业产品与过程标准的掌握与应用能力。国际化和实践教学被设计为实现上述六大能力目标的重要举措。该学院按照国际标准制定人才培养目标，从卡内基梅隆大学引入课程体系和项目教学方法，与IBM等国际知名企业合作进行人才培养，引入外籍教师和海归人员充实师资队伍等。软件工程的课程实训采用以“案例牵引、项目驱动、团队合作、引导互动”为特征的“做中学”。课程与项目的实

① 文俊浩，徐玲，熊庆宇，陈蜀宇，柳玲．渐进性阶梯式工程实践教学体系的构造［J］．高等工程教育研究，2014（01）：159-162+180.

② 查建中，徐文胜，顾学雍，朱晓敏，陆一平，鄂明成．从能力大纲到集成化课程体系设计的CDIO模式——北京交通大学创新教育实验区系列报告之一［J］．高等工程教育研究，2013（02）：10-23.

训方案由企业教师负责设计和教学，校企联合专家组评审。[1][2][3]

47. 哈尔滨工程大学形成舰船动力“卓越计划”培养模式

哈尔滨工程大学动力与能源工程学院系统地实施卓越工程师教育培养计划。舰船动力“卓越计划”培养模式的核心是实践教学与国际化，采取了创立校企合作与联合培养机制、拓展工程实践路径等措施。在教学方法上，专业课的教学引入工程案例，注重工程决策；在实践教学方面，更多采用研究型实践教学模式。[4]

48. 华东理工大学化学工程与工艺专业通过 ABET 认证

华东理工大学化学工程与工艺专业于 2013 年通过了 ABET 的工程认证，成为我国大陆地区首个被 ABET 认证的专业。华东理工大学为达到 ABET 的认证标准，系统改革本科教学方案，重构了课程体系，完善了实验室硬件条件的建设和实验室安全管理，加强了课程中的师生互动，构建了持续改进的体制机制。[5]

49. 华东理工大学“机械设计”课程围绕创新能力设计教学活动

华东理工大学“机械设计”课程在教学环节引入创新机械设计，变模仿型设计为思考型设计和创新型设计，并将其延伸到毕业设计（论文）教学阶段，对学生的独立工作能力和创新意识进行系统培养。[6]

50. 武汉理工大学土木工程专业全面提升学生的工程素质

武汉理工大学土木工程专业的改革者认为，工程素质是工程技术人员必备的基本素质，是从业者面向工程实践活动所展现出来的潜能和适

---

① 李红梅，张红延，卢苇．面向能力培养的软件工程实践教学体系［J］．高等工程教育研究，2009（02）：84-87.

② 李红梅，张红延．面向课程的教学质量保证体系［J］．高等工程教育研究，2010（02）：63-65.

③ 李红梅，卢苇，陈旭东，邢薇薇．毕业实习与设计过程管理质量保证体系的研究与实践［J］．高等工程教育研究，2012（06）：167-171.

④ 王东旭，马修真，李玩幽．舰船动力“卓越计划”培养模式探索［J］．高等工程教育研究，2011（04）：96-100+141.

⑤ 辛忠，郭旭虹，司忠业，赫崇衡．ABET 认证与中国化工高等工程教育未来发展［J］．高等工程教育研究，2016（03）：85-89.

⑥ 安琦．系统培养创新能力的教学模式［J］．高等工程教育研究，2004（01）：77-79.

应性。工程素质决定了工科毕业生的工作能力与发展能力，对知识向生产力转化的进程有重要的影响。武汉理工大学土木工程专业的改革主要从课程环节、实践环节和文化氛围方面入手提升本科生的工程素质。该专业将培养方案中的实践学时占比由近25%提高到近33%，设立了实验周，完善了实习教学环节，建立了讲座论坛等形式来塑造工程文化。[①]

51. 中国石油大学（华东）以认证推动自动化专业的改革

中国石油大学（华东）的自动化国家特色专业根据国际工程教育专业认证标准设计改革。具体改革举措包括：围绕“以学生为中心”理念，修订自动化专业的培养目标和毕业要求；坚持“成果产出导向”理念，优化重建自动化专业课程体系；坚持“石油石化”工程背景特色，建设自动化专业师资队伍；紧密联系工程企业，建设石油石化特色实验室和实践教学资源等。[②]

---

① 肖静，范小春．夯实培养环节全面提升学生工程素质——以土木工程专业为例［J］．高等工程教育研究，2017（04）：78-80+159.

② 刘宝，任涛，李贞刚．面向工程教育专业认证的自动化国家特色专业改革与建设［J］．高等工程教育研究，2016（06）：48-52.

附录 B
美国研究委员会报告及美国工程院报告收录的美国工学院本科工程教育改革案例

1. 麻省理工学院确立新一代工程师培养标准

案例出处：美国研究委员会报告《工程教育：设计一种更具适应性的体系》

报告时间：1995 年

案例内容摘要：麻省理工学院（MIT）在 1989 年形成并公布了报告《美国制造》（*Made in America*）。《美国制造》认为，麻省理工学院及美国本科工程教育所培养出来的新一代工程师应具有以下特征：对真实问题及其社会、经济、政治背景感兴趣，并且具备相关的知识；具备高效的团队工作能力，通过团队创造新的产品、工艺和系统；具备跨越单一学科界限工作的能力；对科学、技术有很深刻的理解，同时拥有有效的实践知识、富有动手精神、具备实验技能和实验洞察力。这些特征也是麻省理工学院本科工程教育改革的重要方向，即麻省理工学院的教师和学生应具备上述特征。[1]

2. 卡内基梅隆大学开发工程概论课程

案例出处：美国研究委员会报告《工程教育：设计一种更具适应

---

① Board on Engineering Education, Commission on Engineering and Technical Systems, Office of Scientific and Engineering Personnel, National Research Council. Engineering Education: Designing an Adaptive System [M]. Washington: National Academies Press, 1995: 17.

性的体系》

报告时间：1995 年

案例内容摘要：卡内基梅隆大学工学院要求所有的大一新生必须学习两门工程概论课程。这些课程由工学院的六个系开设，强调问题解决、动手和设计三方面的能力。化工系的教授解释说，其背后的教育哲学在于让学生尽可能早地接触和认识“真实的”工程。[①]

3. 德雷塞尔大学实施促进工程教育（E4）教学计划

案例出处：美国研究委员会报告《工程教育：设计一种更具适应性的体系》

报告时间：1995 年

案例内容摘要：20 世纪 80 年代以来，美国自然科学基金委员会（NSF）在全国选择了 10 多个本科院系推进本科工程教育的综合改革。德雷塞尔大学工学院的“促进工程教育”（Enhanced Educational Experience for Engineering Students，E4）教学计划被作为改革的典型案例。E4 教学计划对德雷塞尔大学工学院大一大二学年课程的目标、内容和教学方法进行了系统性的重构。E4 教学计划的改革着力建立统一的工程基础，改变工程应用同工程原理相分离的状态、避免工程原理的碎片化教学。同时，E4 教学计划强调交流技能，鼓励学生自主学习，培养学生的学习热情和终身学习技能。E4 教学计划从 20 世纪 80 年代开始实施，在 1992—1993 年推广到德雷塞尔大学工学院全院。研究表明，在 1989 年秋季开始参加 E4 教学计划的学生中，有 62%的学生在 1994 年获得了工学学位，而没有参加 E4 教学计划的学生在 1994 年获得工学学位的比例仅为 32%。[②]

---

① Board on Engineering Education，Commission on Engineering and Technical Systems，Office of Scientific and Engineering Personnel，National Research Council. Engineering Education：Designing an Adaptive System［M］. Washington：National Academies Press，1995：22.

② Board on Engineering Education，Commission on Engineering and Technical Systems，Office of Scientific and Engineering Personnel，National Research Council. Engineering Education：Designing an Adaptive System［M］. Washington：National Academies Press，1995：23-25.

4. 麻省理工学院工学院营造学院文化氛围和制定长期规划

案例出处：美国研究委员会报告《工程教育：设计一种更具适应性的体系》

报告时间：1995 年

案例内容摘要：该报告认为，院校层面本科工程教育改革的第一步，应该是在学院文化氛围中完成自我评估。所谓学院文化氛围，是指要让全学院的教师和管理者共同参与，就学院的使命、特点、行动计划等形成共识。自我评估一般应形成战略规划等文本。麻省理工学院工学院 1994 年完成了《工学院长期规划（1994—1998）》的制定，是这方面的典范。[①]

5. 伊利诺伊理工大学常年开设工程伦理工作坊

案例出处：美国工程院报告《新兴技术与工程伦理》

报告时间：2003 年

案例内容摘要：

伊利诺伊理工大学的“贯穿课程的伦理”工作坊被该报告作为本科工程教育伦理教学的成功案例。该工作坊起源于 1976 年该校关于工程伦理的研究。当时的研究主题主要是核能、农业技术等所涉及的伦理问题。后来，也包括研究信息技术发展过程中面临的伦理问题。[②]

经过一系列的前期酝酿和准备，1991 年，伊利诺伊理工大学开设了“贯穿课程的伦理”工作坊。该工作坊主要面向学校的教师，组织教师研究如何在大学课堂中传授工程伦理。该工作坊有主讲教师 2 人，分别是 1 名工程教育专家和伊利诺伊理工大学刘易斯人文系的 1 位教授。该工作坊首先向所有参与者明确了工程伦理教育的两个要点。第一个要点是，工程伦理不是工程学科的枝节或者附属，而是工程实践和解

① Board on Engineering Education, Commission on Engineering and Technical Systems, Office of Scientific and Engineering Personnel, National Research Council. Engineering Education: Designing an Adaptive System [M]. Washington: National Academies Press, 1995: 45.

② National Academy of Engineering. Emerging Technologies and Ethical Issues in Engineering [M]. Washington, DC: The National Academies Press, 2003: 117-123.

决工程问题的基本视角和方法。安全、环保等工程伦理已经成为基本的工程规范和工程标准。第二个要点是，工程伦理教学的主要责任人是工程学科的教师，而不是伦理学、人文学领域的教师。因为，工程学科的教师更经常地接触工程学科的学生，能够更生动、更及时地进行工程伦理的传授。该工作坊持续开设7天，包括课堂讲授、案例分析、小组讨论、角色扮演等，其中课时量最大的是案例分析和小组讨论。课堂讲授主要是由刘易斯人文系教授讲授道德、法治、伦理、教育学等学科的基本概念，并结合经典的工程伦理案例进行案例分析与讨论。从该工作坊开设的第4天开始，参与工作坊的教师要开始学习和实践如何教授工程伦理，第5天至第7天，则要演示工程伦理教学。①

6. 科罗拉多大学博尔德分校开发大一工程项目教学计划

案例出处：美国工程院报告《培养2020工程师：使工程师教育适应新世纪》

报告时间：2005年

案例内容摘要：总体上看，进入美国大学学习工程的本科生只有40%—60%坚持到毕业并获得工程学位。该报告认为，要在大一大二期间尽早引入团队设计项目、共同体服务项目等工程类教育内容，让学生认识和理解工程的本质。科罗拉多大学博尔德分校开发的“大一工程项目教学计划”（First Year Engineering Projects，FYEP）是主要面向大一的设计课程。对上过该课程的1035名学生和未上过该课程的1546名学生进行对比研究发现，该课程使大二至大四期间的工程教育保有率显著上升。②

7. 欧林工学院基于项目设计的本科工程教育改革

案例出处：美国工程院报告《培养2020工程师：使工程师教育适

---

① National Academy of Engineering. Emerging Technologies and Ethical Issues in Engineering [M]. Washington, DC: The National Academies Press, 2003: 117-123.

② National Academy of Engineering of the National Academies. Educating the Engineer of 2020: Adapting Engineering Education to the New Century [M]. Washington: National Academies Press, 2005: 40.

应新世纪》

报告时间：2005 年

案例内容摘要：对本科工程教育保有率有显著提升作用的是欧林工学院。欧林工学院的项目设计课程是由教师和第一届学生在反复磨合沟通的基础上开发出来的。欧林工学院的项目设计课程学时逐年增加，在大一期间有 20%的学时用于项目设计课程，在大四期间有 80%的学时用于项目设计课程。大一期间的项目设计课程主要教会学生使用工具、发挥创造力，并不要求学生运用复杂的材料和工程原理。大四期间的项目设计课程则比较全面地涉及所学工程知识。项目设计课程既有以团队为单位的，也有以个人为主的，目的在于通过项目设计课程引导学生自主学习。[①]

8. 普渡大学推进“服务式学习”

案例出处：美国工程院报告《培养 2020 工程师：使工程师教育适应新世纪》《为工程教育植入“真实世界的经历”》

报告时间：2005 年/2012 年

案例内容摘要：

1995 年，普渡大学开始实施“工程项目与共同体服务”（Engineering Projects in Community Service，EPICS）教学计划。该教学计划由学生组成跨学科团队为当地或全球的非营利性组织设计跨学科的问题解决方案。该教学计划致力于设计出能有效工作、易于维护的工程产品，并配套有相应的使用手册等。所有的本科生都可以参加该教学计划。[②]

该教学计划的教学目标包括：应用某一学科的知识解决共同体面临的问题；将设计活动理解为一个全周期过程；在问题解决的过程中学习新知识；了解客户的需求；作为多学科团队的一员开展工作并做出贡

① National Academy of Engineering of the National Academies. Educating the Engineer of 2020: Adapting Engineering Education to the New Century [M]. Washington: National Academies Press, 2005: 41.

② National Academy of Engineering. Infusing Real World Experiences into Engineering Education [M]. Washington, DC: The National Academies Press, 2012: 35.

献；与不同的对象沟通交流；遵守工程伦理与承担职业责任；理解工程的社会背景。超过 5000 名学生参加该教学计划并提交了自我报告。根据自我报告，该教学计划教学目标基本都能达成。其中，80%的学生认为自己的设计技能、交流技能、团队技能和共同体意识得到了显著提升；70%以上的学生认为自己的技术水平、组织技能等得到了提升。团队技能、交流技能等被学生认为是最有价值的技能。

该教学计划的教学成本是每年生均 1700 美元。经费主要来源于基金资助。截至 2012 年，EPICS 教学计划已经推广到美国和全球近百所院校。2005 年，美国工程院将戈登奖授予了 EPICS 教学计划。[①]

"2020 工程师" 报告认为，EPICS 教学计划把学生带入真实世界，教学生定义一个工程问题并设计相应的工程解决方案。同时，EPICS 教学计划培养学生的交流技能、团队技能等。参与 EPICS 教学计划的学生包括从大一到研究生的各个阶段，但以工程学科学生为主。EPICS 教学计划的社会反响很好，工业界和美国自然科学基金委员会都积极支持。在 2004 年前后，EPICS 教学计划先后被推广到附近的 7 所院校。美国工程院的报告指出，EPICS 教学计划的经验可以被定义为"服务式学习"（Service Learning）。美国工程院认为，"服务式学习" 能够有效提高美国本科工程教育的参与率和保有率。[②]

9. 佐治亚理工学院面向少数人群授出双学位

案例出处：美国工程院报告《培养 2020 工程师：使工程师教育适应新世纪》

报告时间：2005 年

案例内容摘要：美国本科工程教育界一直在致力于本科工程教育人群的多元化，包括师资队伍、学生和从业人员的性别、种族等的多元

① National Academy of Engineering. Infusing Real World Experiences into Engineering Education [M]. Washington, DC: The National Academies Press, 2012: 35.

② National Academy of Engineering of the National Academies. Educating the Engineer of 2020: Adapting Engineering Education to the New Century [M]. Washington: National Academies Press, 2012: 42.

化。佐治亚理工学院同亚特兰大地区的黑人院校（全称为历史上的黑人院校，HBCU）合作，授出工程学位的双学位。双学位计划每年培养 30 至 40 位黑人工程师。[①]

10. 科罗拉多大学博尔德分校推进“创新与发明”课程

案例出处：美国工程院报告《培养 2020 工程师：使工程师教育适应新世纪》

报告时间：2005 年

案例内容摘要：科罗拉多大学博尔德分校教学融合实验室开发出了“创新与发明”课程。该课程为学生引入了创业概念，重点培养学生建立跨学科团队的技能。“2020 工程师”报告认为，这类课程对于应对技术的快速变化具有重要的意义，是企业所急需的课程。[②]

11. 拉法耶特学院和普林斯顿大学建立新的工程学位项目

案例出处：美国工程院报告《培养 2020 工程师：使工程师教育适应新世纪》

报告时间：2005 年

案例内容摘要：该报告指出，可以为工程学位寻找替代性的学位。其中一个重要的方向是把工程教育作为自由民教育的一部分。工程、技术在 21 世纪将占据十分重要的地位。因此，未来的自由民必须具备一定的工程、技术能力。拉法耶特学院、普林斯顿大学等面向工程教育发展出了新的工艺学学士（Bachelor of Arts，B. A.）学位。按照传统，工程教育的学生一般获得科学学士（Bachelor of Science，B. S.）学位。B. A. 学位比 B. S. 学位的学习内容要更广博，口径更宽。在拉法耶特学院，B. A. 学位第一学年的课程同 B. S. 学位第一学年的课程基本一致。所不同的是，B. A. 学位可以在第二学年从经济、管理、自由艺术

---

① National Academy of Engineering of the National Academies. Educating the Engineer of 2020: Adapting Engineering Education to the New Century [M]. Washington: National Academies Press, 2005: 43.

② National Academy of Engineering of the National Academies. Educating the Engineer of 2020: Adapting Engineering Education to the New Century [M]. Washington: National Academies Press, 2005: 44.

等更宽泛的领域选课。这两所院校的教师也认为，B. A. 学位将是技术时代的自由艺术学位，即这些学生能够符合制造、管理、金融和政府等部门的工作要求。[①]

12. 哥伦比亚大学纽约校区设立新的工程学位项目

案例出处：美国工程院报告《培养 2020 工程师：使工程师教育适应新世纪》

报告时间：2005 年

案例内容摘要：哥伦比亚大学纽约校区新设立了一种“3+2”学位项目。该项目的方案是，学生学习 3 年自由艺术加 2 年工程教育，总计在校 5 年时间，获得 2 个学位——1 个 B. A. 学位和 1 个 B. S. 学位。[②]

13. 美国依托大学建立一批教学中心推进本科工程教育的教学改革

案例出处：美国工程院报告《培养 2020 工程师：使工程师教育适应新世纪》

报告时间：2005 年

案例内容摘要：在美国自然科学基金委员会的资助下，美国建立了一批高等教育教学中心（Higher Education Centers for Learning and Teaching），其中很多中心致力于推进 STEM 的教学。“2020 工程师”报告提到两个重要的示范中心。其一是位于威斯康星大学麦迪逊分校的“研究与教学融合中心”（Center for the Integration of Research, Teaching and Learning），同密歇根大学、明尼苏达大学一道，为 100 余家研究型大学和研究机构提供 STEM 教学支持。而这 100 余家研究型大学和研究机构为美国 4000 多家高等教育机构提供 STEM 师资。其二是“工程教育推进中心”（Center for the Advancement of Engineering Education, CAEE）。该中心由华盛顿大学牵头，科罗拉多矿业学院、霍华德大学、

① National Academy of Engineering of the National Academies. Educating the Engineer of 2020: Adapting Engineering Education to the New Century [M]. Washington: National Academies Press, 2005: 46-47.

② National Academy of Engineering of the National Academies. Educating the Engineer of 2020: Adapting Engineering Education to the New Century [M]. Washington: National Academies Press, 2005: 47.

明尼苏达大学、斯坦福大学等共同参与。该中心针对工程领域的教师和研究生，提出其首要目的是提高教学能力，同时也致力于提升师生的研究能力、领导能力。[1]

14. 奥本大学为本科工程教育的教学案例开发建立专门实验室

案例出处：美国工程院报告《培养 2020 工程师：使工程师教育适应新世纪》《为工程教育植入“真实世界的经历”》

报告时间：2005 年/2012 年

案例内容摘要：

1996 年，奥本大学设立了工程教育创新技术实验室（Laboratory for Innovative Technology in Engineering Education，LITEE）。该实验室是由工学院和商学院合建的。建立该实验室的目的在于通过案例教学和动手实践项目推进本科工程教育，提高学生的决策力、领导力、交流能力和问题解决能力等。该实验室的一项工作是本科工程教育案例开发。该实验室同企业合作伙伴对关键问题进行界定，然后将问题带入课堂。机械工程系、管理系、心理系等不同院系的学生合作完成案例的设计，并将其应用于各系的教学中。每一个案例都从教育学角度进行了测试和评估。经过这一过程开发出来的 18 个本科工程教育典型案例被 60 所美国院校采用，影响范围超过 10000 名工程专业本科生。该实验室为 1000 余名教师设置了工作坊。该实验室还启动了美国—印度研究项目，培养具有全球视野的工程师。统计表明，实验室的活动对于提升本科工程教育保有率、提高本科工科学生的自我效能感、增强学生的高阶技能具有重要的意义。[2]

该实验室是在美国自然科学基金委员会总计 350 万美元的资助下启动的。该实验室培养工程教育领域的博士、硕士和本科生。截至 2012

① National Academy of Engineering of the National Academies. Educating the Engineer of 2020: Adapting Engineering Education to the New Century [M]. Washington: National Academies Press, 2005: 48.

② National Academy of Engineering. Infusing Real World Experiences into Engineering Education [M]. Washington, DC: The National Academies Press, 2012: 17.

年，该实验室在工程教育领域共培养了 80 名本科生、40 名硕士生和 8 名博士生。另有企业参与资助实验室开发多媒体教学案例等。①

“2020 工程师”报告认为，案例教学在商业教育和医学教育中起着革命性的作用。案例教学方法为教学活动提供一种接近于真实世界的教学环境，尤其是让学习者在真实环境中做出决策。案例教学可以综合技术、商业和伦理等。因此，“2020 工程师”报告提倡工程教育大量引入案例教学方法。奥本大学的工程教育创新技术实验室被“2020 工程师”报告奉为典范。该实验室开发的一个教学案例是，某发电厂的涡轮发电机组震动幅度极大，发电厂需要花费数百万美元解决震动幅度过大问题。两位工程师给出了截然不同的解决方案，发电厂的经理必须在两套方案中做出选择。②

15. 理海大学正确处理计算机技术与工程教育的关系

案例出处：美国工程院报告《培养 2020 工程师：使工程师教育适应新世纪》

报告时间：2005 年

案例内容摘要：在工程教育活动中，计算机模拟技术有助于培养学生的问题解决能力。但是，要注意工程教育的聚焦点不应该是计算机模拟技术，而必须是工程问题。理海大学面向大二学生开设的“制造系统”课程是一门涉及计算机模拟技术的课程。该门课程的核心目标是解决一家名为 Colebee Time Management Incorporated 的企业提出来的生产问题。该课程并不以建立计算机模型为目标，而是重点培养学生做出工程决策的能力。开课的教授认为，某一工程领域所采用的计算机模拟技术将会很快改进并普及应用，但是，针对工程问题做出参数选择、方案选择的决策能力是计算机模拟无法实现的。因此，该课程教学的重点

① National Academy of Engineering. Infusing Real World Experiences into Engineering Education [M]. Washington, DC: The National Academies Press, 2012: 17.

② National Academy of Engineering of the National Academies. Educating the Engineer of 2020: Adapting Engineering Education to the New Century [M]. Washington: National Academies Press, 2005: 73.

是工程决策，而不是计算机模拟技术。[①]

16. 华盛顿大学试图建立项目教学全球网络

案例出处：美国工程院报告《培养 2020 工程师：使工程师教育适应新世纪》

报告时间：2005 年

案例内容摘要：工程教育的人才培养方案必须从以课程为主向以合作型、跨学科型的项目为主转变。在此过程中，院校可以有自己的项目风格。在华盛顿大学的 PBL 教学中，最具代表性的一个项目是同四川大学合作的环境研究项目。该项目是面向大四学生的一项本科研究项目，由华盛顿大学与四川大学的本科生合作，对美国东北地区和中国西南地区的水质、污水处理、环保材料、森林生态、生物多样性等展开研究。学生在项目开展过程中也会进行语言和文化的学习。两校的学生分别交换培养一年。华盛顿大学的计划是，通过同四川大学的合作，形成一种项目教学的全球网络，即在全球各个合作机构建立起本科工程教育的多种项目教学。[②]

17. 麻省理工学院对工程教育的坚守与变革

案例出处：美国工程院报告《培养 2020 工程师：使工程师教育适应新世纪》

报告时间：2005 年

案例内容摘要："2020 工程师"报告把欧林工学院和麻省理工学院两所院校的改革作为重要案例。麻省理工学院时任校长韦斯特在"2020 工程师"报告中介绍麻省理工学院的案例时重点讨论了以下改革进展：一是以系统的观点认识工程活动。麻省理工学院于 1998 年建立

① National Academy of Engineering of the National Academies. Educating the Engineer of 2020: Adapting Engineering Education to the New Century [M]. Washington: National Academies Press, 2005: 73-74.

② National Academy of Engineering of the National Academies. Educating the Engineer of 2020: Adapting Engineering Education to the New Century [M]. Washington: National Academies Press, 2005: 150.

了“工程系统部”（Engineering Systems Division）。工程系统部于2015年6月30日重组更名为“数据、系统与社会研究院”（Institute for Data, Systems, and Society, IDSS）。韦斯特校长指出，对于工程活动的认识，不能仅仅采用传统的工程学框架，而必须建立起一套更系统的知识框架。所谓更系统，是指要更多地研究复杂工程系统所面临的社会与认识问题等。工程系统部的建立，就是为了更系统地研究工程问题。二是主张工程教育教学改革的多元化。韦斯特校长认为，科学与工程基本原理、分析能力仍然对学生的发展具有重要的基础作用。让学生打下牢固的基础，仍然是最重要的教学目标。韦斯特校长指出：“我不是个新潮的人，我仍然坚信好的课堂讲授是教学中最精彩的部分。因此，我不主张抛弃有着良好设计、教学效果好的讲授课程……在麻省理工学院这样的环境中尤其尊重这些讲授课堂。”韦斯特校长指出，工作室教学、团队项目、开放式问题的解决、实验、研究、CDIO等其他教育哲学、教学方法都应该为麻省理工学院工程教育所用。三是正确地将信息技术应用于工程教育。韦斯特校长指出，新一代学生都是在信息环境中成长起来的。信息技术沟通大学校园内外，能够有效地优化大学的学术和教学环境。麻省理工学院发起了开放课程行动，同时还为非洲等地的大学购置电脑、推广开放课件等。韦斯特校长同时指出，在教学环节上不可以用计算机取代人，教学活动本质上是人文活动。韦斯特校长两次提到，新建的Frank Gehry大楼是一栋为教学而设计的大楼，这栋大楼采用了最新的信息技术，同时在其他方面的设计都能够满足传统讲授课堂和其他新兴课堂的教学需要。这栋大楼耗资不菲、雄伟华丽，同时又能让人很快进入一种想要学习的兴奋状态。[①]

18. 普渡大学等四校建立工程教育系

案例出处：美国工程院报告《发展工程教学的评估体系：没有评估就没有改进》

---

① National Academy of Engineering of the National Academies. Engineering Education: Designing an Adaptive System [M]. Washington: National Academies Press, 2005: 160-169.

报告时间：2009 年

案例内容摘要：该报告指出，进入 21 世纪以后，先后有普渡大学、弗吉尼亚理工大学、犹他大学、科罗拉多大学、克莱蒙森大学等建立了专门的工程教育系。[①]

19. 克莱蒙森大学以课程和工作坊形式开展工程伦理教育

案例出处：美国工程院报告《为工程事业传递信息：从研究到行动》

报告时间：2009 年

案例内容摘要：克莱蒙森大学的工程伦理教育包括课程和工作坊两种形式。课程主要针对学生，工作坊主要针对教师。克莱蒙森大学遗传学系和生物化学系对即将毕业学生都有职业发展技能的学分要求，其中很大一部分是关于工程伦理的。具体包括实验室运行、学业指导、实验记录、同行评议、研究伦理等。[②]

20. 约翰霍普金斯大学每年举办工程伦理研讨会

案例出处：美国工程院报告《工程教育与科学研究、工程研究：经验与行动》

报告时间：2009 年

案例内容摘要：约翰霍普金斯大学生物医学工程系每年会组织开展工程伦理研讨会。研讨会采取师生互动的形式，学生首先分组进行案例讨论，然后每个小组向全系汇报案例讨论的情况。[③]

21. 塔夫斯大学多个院系合作开展服务式项目教学

案例出处：美国工程院报告《工程、社会正义与共同体的可持续发展》

---

① National Academy of Engineering. Develop Metrics for Assessing Engineering Instruction: What Gets Measured is What Gets Improved [M]. Washington, DC: The National Academies Press, 2009: 3.

② National Academy of Engineering. Engineering Education and Scientific and Engineering Research: What's been Learned? What Should be Done? Summary of a Workshop [M]. Washington, DC: The National Academies Press, 2009: 18.

③ National Academy of Engineering. Engineering Education and Scientific and Engineering Research: What's been Learned? What Should be Done? Summary of a Workshop [M]. Washington, DC: The National Academies Press, 2009: 21.

报告时间：2010 年

案例内容摘要：塔夫斯大学提出，要将工程师培养为积极的社会公民和善于创新的问题解决者，在教学环节强调工程师所应具有的共同素养、共同优势和面临的共同挑战。塔夫斯大学工学院同公民与公共服务学院、环境研究院等院系合作，采用“服务式项目教学”模式，培养本科生的创新、团队工作、跨学科合作和领导能力。课程的形式有多种，包括导师指导的高级项目课程、全校范围的“全球领导力”高级研讨课等。学院也鼓励学生加入各类国际国内组织，例如“无国界工程师”等。塔夫斯大学本科工程教育能取得成功，有以下几个支持性因素：院校投入，大学文化，有效管理，有效领导，及时评价、反馈和宣传。①

22. 俄亥俄州立大学培养工程师的志愿精神

案例出处：美国工程院报告《工程、社会正义与共同体的可持续发展》

报告时间：2010 年

案例内容摘要：俄亥俄州立大学提出，培养具有志愿精神的工程师是大学的责任。为此，本科工程教育要强调伦理和专业主义，要为学生创造更多的动手实践志愿活动机会，要推进服务式学习，开发具有共同体导向的设计项目。俄亥俄州立大学很多工程课程被认为是工程伦理教育的典范：有的课程要求基于共同体的需求完成项目设计；有的课程要求就一项全球议题完成项目设计；有的项目研究企业的公民责任，调研工程志愿项目，评估伦理模式等。俄亥俄州立大学建立了学生组织“共同体服务工程师”。该组织建立和参与了很多社会服务项目，在俄亥俄州立大学具有很大的影响。②

① National Academy of Engineering. Engineering, Social Justice, and Sustainable Community Development: Summary of a Workshop [M]. Washington, DC: The National Academies Press, 2010: 24.

② National Academy of Engineering. Engineering, Social Justice, and Sustainable Community Development: Summary of a Workshop [M]. Washington, DC: The National Academies Press, 2010: 25-26.

23. 欧林工学院的工程设计针对发展中国家真实问题

案例出处：美国工程院报告《工程课程：给工程设计更多空间与机会》

报告时间：2010年

案例内容摘要：欧林工学院Benjamin Linder的课程，教学生应用工程知识解决发展中国家面临的真实问题。接触真实世界的工程问题，能够有效增强学生对工程教育的兴趣。[①]

24. 中佛罗里达大学设置工程领导力教学计划

案例出处：美国工程院报告《工程课程：给工程设计更多空间与机会》

报告时间：2010年

案例内容摘要：中佛罗里达大学的Lesia Crumpton-Young主持了该校的工程领导力教学计划。调查表明，参加工程领导力教学计划的学生在社会交往、商业技能、技术能力等方面得到了显著的提升。[②]

25. 匹兹堡大学等五校的工程教学被认为是归纳式教学改革典范

案例出处：美国工程院报告《工程课程：给工程设计更多空间与机会》

报告时间：2010年

案例内容摘要：该报告指出，很多工程课程从本质上说是归纳式教学，因此归纳式教学被认为是美国本科工程教育的典型改革和创新。其中包括：匹兹堡大学组织学生在亚洲国家度过春季假期，学生会参加一系列的文化和技术活动；佐治亚理工学院的"认知学徒"活动，教师带领大一学生组成问题解决团队进行学习。该活动的教室是经过特别设计的，墙面随处可以书写，方便学生随时把自己的想法写画出来。欧林

① National Academy of Engineering. Engineering Curricula: Understanding the Design Space and Exploiting the Opportunities: Summary of a Workshop [M]. Washington, DC: The National Academies Press, 2010: 6.

② National Academy of Engineering. Engineering Curricula: Understanding the Design Space and Exploiting the Opportunities: Summary of a Workshop [M]. Washington, DC: The National Academies Press, 2010: 6.

工学院的学生团队开设或者运作一个企业，盈利捐赠给慈善机构。与之类似，南卫理公会大学和密歇根理工大学也有类似的创业项目。[①]

26. 伊利诺伊大学香槟分校建立“美国职业与研究伦理中心”

案例出处：美国工程院报告《新兴技术与国家安全：以伦理、法治和社会为分析框架》

报告时间：2012 年

案例内容摘要：2010 年，伊利诺伊大学香槟分校在美国自然科学基金委员会的资助下建立了“美国职业与研究伦理中心”，主要研究在科学、数学、工程领域的职业伦理问题。该中心建立了名为 Ethics Core 的网络资源，通过案例、工作坊等形式研究工程伦理问题。[②]

27. 哈维穆德学院设立“工程诊所”项目课程

案例出处：美国工程院报告《为工程教育植入“真实世界的经历”》

报告时间：2012 年

案例内容摘要：

哈维穆德学院的“工程诊所”（Engineering Clinic）项目课程始于 1963 年。该项目课程为哈维穆德学院所有工程专业本科生提供了 Capstone 设计经历。为什么叫“工程诊所”？这是借鉴临床医学的经验。在临床医学上，资历欠缺的年轻医生接诊病人的过程受到医院严格的监管和指导。哈维穆德学院认为，工程实践和医学实践在其实践属性方面是一致的。因此，学院建立起“工程诊所”项目课程。该项目课程由真实企业提供真实的工程问题，学校和企业组成联合的指导团队合作指导。每年还会有 1 至 3 个国际项目，由哈维穆德学院国际合作伙伴（包括跨国企业和国外大学）提供真实的工程问题。每 4 至 5 个学生组成一个项目团队进行工作，其中大三大四学生全年参加项目、大一大二学生可以只在某

---

① National Academy of Engineering. Engineering Curricula: Understanding the Design Space and Exploiting the Opportunities: Summary of a Workshop [M]. Washington, DC: The National Academies Press, 2010: 11.

② National Academy of Engineering. Practical Guidance on Science and Engineering Ethics Education for Instructors and Administrators [M]. Washington, DC: The National Academies Press, 2012: 2.

一学期参加项目。学生全面负责项目的运作，包括团队管理、计划制定和资金管理等。对“工程诊所”项目课程的统计表明，60%—65%的项目课程由工程院系完成。绝大多数项目课程是跨学科性质的，因为哈维穆德学院的一个传统是授予通用型的、非专业化的工程学位。①

1963 年以来的 50 余年里，哈维穆德学院一共完成了 1400 多个“工程诊所”项目课程。近年来，每年有 23—26 个工程领域的项目、10 个左右的计算机科学项目、5 个左右的物理学与数学项目、若干个跨学科项目。根据“工程诊所”项目课程的教学设计，学生将会学习如何解决重大的、开放性的问题，将会学习新的技术技能和应用已掌握的专业技能，将会同资助方、供货商等互动，将会进一步提高团队工作能力、领导能力、口头陈述和书面写作能力等。调查表明，很多学生认为“工程诊所”项目课程是其整个受教育经历中最具影响力的项目。资助者也对该项目课程较为满意。采用 5 分制评分，95%以上的资助者给予了 4 分以上的评分。60%—70%的企业选择连续资助“工程诊所”项目课程。②

“工程诊所”项目课程的评价主要依据 ABET 对工程教育的 11 条标准。与此同时，“工程诊所”项目课程还确立了自身的 3 条标准——确保项目的高质量、确保项目对资助者有价值、确保项目资金的增值。依据上述原则，“工程诊所”项目课程的教学评价采用包括 35 道选择题和 4 道开放式题目的量表。教学评价结果表明：学生为参与项目而做了很充分的准备，能够正确应用工具、技术，能够有效参与多学科团队工作，能够令人印象深刻地展示项目成果，项目资助企业对成果也很满意。教学评价结果表明还需要改进之处包括：学生在展示成果时应具备更多的热情，项目初期的目标和最终形成的成果有很大的不一致，学生还需要更好地表述工程成果的社会影响。教学评价也有助于各方在资

① National Academy of Engineering. Infusing Real World Experiences into Engineering Education [M]. Washington, DC: The National Academies Press, 2012: 7.

② National Academy of Engineering. Infusing Real World Experiences into Engineering Education [M]. Washington, DC: The National Academies Press, 2012: 7.

金、设备等方面加大投入。

“工程诊所”项目课程在50多年的时间里已经形成了自我可持续发展状态。项目课程每年从资助企业获得超过100万美元的资金资助。其中，1/3的资金付给哈维穆德学院，1/4的资金用于项目材料费和差旅费，还有1/4的资金用于人员工资，剩下的资金主要用于课程开发和设备升级等。“工程诊所”项目课程设立主任、副主任。主任全面负责项目建设，副主任主要负责项目资源的引进。2012年，项目的企业资助标准为每家企业47000美元，企业获得的权利包括参加每周一次的电话会议，获得所资助项目的原型机、知识产权等。很多企业把项目资助作为其人力资源建设计划的一部分。统计显示，2012年的项目资助企业中，60%为成熟企业，23%为国家实验室，10%为创业企业，5%为其他学术机构，2%为基金会。①

28. 理海大学开设“综合产品开发”课程、建立“贝克创业、创造与创新研究院”

案例出处：美国工程院报告《为工程教育植入“真实世界的经历”》

报告时间：2012年

案例内容摘要：

理海大学的“综合产品开发”（Integrated Product Development，IPD）课程始于1994年，是以创业、创造和创新为核心的Capstone课程。课程设计者认为，产品开发有三大支柱——工程、商业与设计。理海大学之前并无工业设计方向，为此，理海大学决定发展IPD课程，并按照“设计艺术”的方向来组织课程。IPD课程的教学目标是：培养学生的创业精神，尤其要培养学生在真实世界的第一份工作中一举成功的能力；培养学生开发产品、创办企业的创业能力。理海大学认为，高阶技能和创业精神对于未来的人才具有极其重要的意义。因为高阶技能和创业精神涵盖一系列的特质，包括创新、创造、多元化、多学科、全球

---

① National Academy of Engineering. Infusing Real World Experiences into Engineering Education [M]. Washington, DC: The National Academies Press, 2012: 7.

化、道德伦理、领导力、团队工作等。理海大学的创业生态系统包括10个校内组织、17个专业、34门课程和22个实验室与工作坊等。IPD课程向全校本科生和研究生开放。企业和当地政府也积极参与IPD课程，企业主要目的在于通过课程招募新员工，当地政府则希望以此推进当地经济发展。2011年度，总计192个学生分为28个项目组选修了IPD课程，这些学生来自工学院、艺术与科学学院、供应链管理学院等。项目资助的来源包括校友工作的企业、当地创业企业和校内学生创业企业等。①

理海大学的创业教育有一段较长的历史，IPD课程只是其中一部分。进入21世纪以来，理海大学每年秋季都会组织全体教师进行全校性的创业教育讨论，议题包括技术创新、新风尚、艺术、软件、校友、女性创业等。2010年，理海大学建立了“贝克创业、创造与创新研究院”（Baker Institute for Entrepreneurship，Creativity and Innovation），负责全校的创业教育。“贝克创业、创造与创新研究院”设立了校外咨询委员会和校内课程与项目指导委员会。②

根据理海大学的教学设计，IPD课程的教学目标是教会学生具备完成以下任务的能力：确认和定义技术问题及其关键的技术要素、商业要素；在全球化的商业与文化背景下针对问题设计解决方案；论证创业方案；参与或领导一个跨学科的产品研发团队；采用书面、口头和图表形式进行沟通；在产品研发过程中解决美学、人机工程学的问题；为产品或工艺过程设计出相应的价值表述方式；设计、创造和评价技术可行性研究方案、经济可行性研究方案；管理人力资源和财力资源；在产品研发的过程中合理使用分析模型、数据模型、虚拟模型和物理模型等。课程设计者提出，希望IPD课程能够有效缩短学生对第一份工作的适应时间。调查表明，一般而言，工程领域的毕业生需要两年时间适应第一

① National Academy of Engineering. Infusing Real World Experiences into Engineering Education [M]. Washington，DC：The National Academies Press，2012：8.

② National Academy of Engineering. Infusing Real World Experiences into Engineering Education [M]. Washington，DC：The National Academies Press，2012：8.

份工作。IPD 课程的评价是全方位的，通过学生表现、资助者反馈、选课人数数据等进行综合评价。

1994 年 IPD 课程第一次开课时，是由 3 位开课教师自行提供资源的。4 年以后，IPD 课程吸引到 9 个资助机构的资助，平均每家机构资助 2500 美元，而当时的学生团队总计是 20 个。1998 年，在校长的支持下，理海大学将一栋废弃的校园建筑改造为学生项目活动场地，并且从校友中募集到 450 万美元捐赠。1999 年开始，IPD 课程被列入理海大学的财政预算。此后，理海大学从人、财、物、政策等方面对 IPD 课程进行了全面支持，确保其能够可持续发展。

2010 年，理海大学建立了“贝克创业、创造与创新研究院”，把 IPD 课程纳入其活动中，在理海大学全校范围内整合和加强创业教育。由此，IPD 课程也被纳入全校的活动中，并且被推荐作为本科工程教育改革的典型案例。①

29. 密歇根理工大学设立创业教育教学计划

案例出处：美国工程院报告《为工程教育植入“真实世界的经历”》

报告时间：2012 年

案例内容摘要：

密歇根理工大学创业教育教学计划始于 2000 年。密歇根理工大学认为，所有学生在毕业之时都应该具备自己开办公司的信心、技能和能力。密歇根理工大学还认为，领导力、创业精神、交流能力、伦理、创新、全球化等不应限定在某一门或者某几门课程中，必须贯穿到整个培养过程中。因此，创业教育教学计划吸收从大二到大四的学生参加，将学生组成创业团队开展实战化的企业运作。项目综合采用 Capstone 和 Course（或 Curricular）形式。学生团队按照真实企业的场景进行运作，学生分别扮演项目负责人、主席、CEO 等角色。学生团队是长期的甚至是永久性的，即团队建设的目标不止于项目，而是希望团队在大学毕

① National Academy of Engineering. Infusing Real World Experiences into Engineering Education [M]. Washington, DC: The National Academies Press, 2012: 8.

业以后仍然能够紧密合作和运行。学生的项目学习经历也是长期的，在大二至大四的 3 年时间里有很多机会参加项目。创业项目的管理委员会由密歇根理工大学所属 5 个学院的代表组成，其主要职责是制定相关政策。很多院系都明确了相对聚焦的路径，确保各个专业的学生都可以参与到创业项目中。创业项目设定了多方面的教育目标：为学生从本科学习生活向专业工作转变创造一种环境；在真实的、专业的工作环境中培养师生的领导力和创业技能；让学生在一定程度上做自主学习的主人，培养其终身学习能力；通过创造新产品和接触客户，带给学生一种激励和责任；教学生处理非技术问题，例如产品的成本问题、社会影响问题等。创业项目的教学评价包括同伴评价、导师评价和外部评价三部分。每一个完成的项目都要由外部的项目资助者做出评价。评价主要从团队工作、交流技能、设计水平等方面进行。①

创业项目的设置，希望提升本科工程教育的保有率，达成 ABET 工程教育的 11 条标准。统计表明，参加创业项目的学生，3 年内本科工程教育的保有率为 93%—100%，而未参加创业项目的对照组学生 3 年内本科工程教育的保有率为 65%—85%。创业项目也通过了 ABET 的考察认证。②

创业项目启动以来，得到了企业、社区和政府部门等在资金、项目选题、项目指导等多方面的支持。项目的启动得到了美国自然科学基金委员会总计 75 万美元的资助，同时密歇根理工大学也提供了一部分资金。2001 年，项目建立了基金，确保每个创业项目能够得到 2 万美元至 4 万美元的资助，基本实现了自我可持续发展。密歇根理工大学用于创业项目的经费中，30%用于管理支出，10%用于支付导师指导费用，60%用于项目的直接支出。每年有超过 40 个机构资助密歇根理工大学

① National Academy of Engineering. Infusing Real World Experiences into Engineering Education [M]. Washington, DC: The National Academies Press, 2012: 9.

② National Academy of Engineering. Infusing Real World Experiences into Engineering Education [M]. Washington, DC: The National Academies Press, 2012: 9.

的创业项目，每年提供经费超过 70 万美元。[①]

30. 宾州州立大学设立两类 Capstone 工程设计教学计划

案例出处：美国工程院报告《为工程教育植入“真实世界的经历”》

报告时间：2012 年

案例内容摘要：

宾州州立大学的“学习工厂”（Learning Factory）Capstone 工程设计教学计划始于 2007 年。该教学计划分为两类。其一是国际项目，由全球各地的工程师模拟跨国企业的项目运作和团队运行。其二是跨学科项目，由工程学科和非工程学科的学生组成企业团队。国际项目设立了 5 个教学目标：理解工程活动在全球背景下的经济、环境、社会影响；理解文化和伦理的多样性并且发展适应文化、伦理的能力；学会在跨国团队中有效工作；具备与非英语国家的人们沟通与交流的能力；学会在全球范围内组织和沟通。跨学科项目的教学目标包括：学会在多学科团队中有效工作；学会与工程师以外的其他专业人员沟通交流；从多学科中汲取营养并创造性地提出问题解决方案；超越技术与工程问题的思维限制，培养设计理念；理解其他学科的设计理念和设计方法。[②]

宾州州立大学希望两类 Capstone 工程设计教学计划项目的教学效果优于非国际化或非跨学科化的工程教育。为此，宾州州立大学以 ABET 工程教育认证标准为主要原则，由“学习工厂”负责人、企业资助方和指导教师等主体对两类项目进行了持续的评估。评估结果显示，两类项目的教学效果显著优于其他工程教育项目。资助企业也非常满意，很多企业认为资助这样一个项目能够达成企业的多个目标。2012 年参与资助项目的创业型企业数量同比增长了 5 倍。[③]

---

① National Academy of Engineering. Infusing Real World Experiences into Engineering Education [M]. Washington, DC: The National Academies Press, 2012: 9.

② National Academy of Engineering. Infusing Real World Experiences into Engineering Education [M]. Washington, DC: The National Academies Press, 2012: 10.

③ National Academy of Engineering. Infusing Real World Experiences into Engineering Education [M]. Washington, DC: The National Academies Press, 2012: 10.

宾州州立大学的两类 Capstone 项目的合作伙伴包括企业和国外院校。企业提供项目来源，提供现场访问等。企业每周参加电话会议，提供项目指导。国际项目主要由很多跨国企业提供项目。[①]

从管理来看，项目得到多方的支持。宾州州立大学下属的 Leonhard Center、工学院和“学习工厂”等合作提供启动资金、人员配置、活动场地、学术休假机会等。在资金支持方面，由参与企业负担项目的直接成本，由美国自然科学基金委员会资助工作坊。2012 年度，国际项目总计支出 35000 美元。[②]

31. 爱达荷大学设计展览会和设立工程工厂来推广 Capstone 设计项目

案例出处：美国工程院报告《为工程教育植入“真实世界的经历”》

报告时间：2012 年

案例内容摘要：

爱达荷大学本科高年级跨学科 Capstone 设计项目始于 1991 年。最初，该设计项目只存在于机械工程系，后来被推广到爱达荷大学全部的工程院系。该设计项目目标是把工业界设计与制造环节最好的实践引入本科工程教育，通过企业项目培养学生提高团队技能、交流技能和项目管理技能。同时，通过项目建立良好的校企合作关系。爱达荷大学每年都会举办设计展览会，将 20 多项 Capstone 团队设计项目的成果向公众、校友和企业合作伙伴推广。爱达荷大学为 Capstone 项目投入 6000 平方英尺的设计场地，包括金工车间、项目总装区、先进 CAD 实验室、3D 打印机、研讨室、设计工作室、学生办公室等。爱达荷大学还为 Capstone 设计项目设置了“爱达荷工程工厂”（IEW）。IEW 从硬件、软件、制造和领导力等方面系统培养研究生，这些研究生将作为本科 Capstone 设计项目的导师或者助教。[③]

---

① National Academy of Engineering. Infusing Real World Experiences into Engineering Education [M]. Washington, DC: The National Academies Press, 2012: 10.

② National Academy of Engineering. Infusing Real World Experiences into Engineering Education [M]. Washington, DC: The National Academies Press, 2012: 10.

③ National Academy of Engineering. Infusing Real World Experiences into Engineering Education [M]. Washington, DC: The National Academies Press, 2012: 11.

爱达荷大学 Capstone 设计项目的教学目标包括：引导学生学会自主地开展项目学习；教学生学会通过模仿来实现高效率的设计和不断提高设计质量；帮助学生提高正式交流的技能（包括口头交流与书面交流），以使客户更容易理解和接受设计；培养一批有着良好技术领导力的研究生作为本科 Capstone 设计项目导师。①

爱达荷大学 Capstone 设计项目的教学评价主要依据 ABET 工程教育认证标准。爱达荷大学各个院系都设置了 ABET 委员会，每年院系 ABET 委员会与项目资助方会共同对项目进行评价。②

爱达荷大学 Capstone 设计项目第一批项目的资金支持为每个项目 2000 美元，当时的资金主要是来源于院系预算和企业资助。爱达荷大学认为，Capstone 设计项目发展之所以具有自我可持续性，主要有两个因素：一个因素是以专职的研究生队伍作为项目导师和助教；另一个因素是爱达荷大学在项目逐渐成熟以后确立了稳定的预算投入制度。③

32. 犹他大学建立以学生为驱动力的 SPIRAL 工程教育

案例出处：美国工程院报告《为工程教育植入“真实世界的经历”》

报告时间：2012 年

案例内容摘要：

犹他大学的 SPIRAL 工程教育全称是“Student-driven Pedagogy of Integrated, Reinforced, Active Learning”，即以学生为中心、以学习为重点的一项教育学变革。因此，SPIRAL 对于犹他大学而言是一个动词，表明犹他大学改革本科工程教育的总体思路。④

SPIRAL 着重提升学生面向实际、开放地解决问题的能力，提高学

① National Academy of Engineering. Infusing Real World Experiences into Engineering Education [M]. Washington, DC: The National Academies Press, 2012: 11.

② National Academy of Engineering. Infusing Real World Experiences into Engineering Education [M]. Washington, DC: The National Academies Press, 2012: 11.

③ National Academy of Engineering. Infusing Real World Experiences into Engineering Education [M]. Washington, DC: The National Academies Press, 2012: 11.

④ National Academy of Engineering. Infusing Real World Experiences into Engineering Education [M]. Washington, DC: The National Academies Press, 2012: 11.

生批判思维。其教学安排有五个方面的特征：主要包括 Capstone 和一系列的课程，以区分孤立的讲授式课程；通过开放式项目引导学生学习建模、模拟、建构等技能；对项目进行调整，使之适应每门课程的教学；提供实验室等硬件设施，帮助学生提升设计能力；大量使用录像技术并鼓励学生通过录像自学，以便课堂时间更多用于学生的积极学习。值得注意的是，SPIRAL 工程教育改革重点针对大一大二阶段，对大一大二的工程课程进行了相对系统的设计。①

SPIRAL 工程教育改革得到了美国自然科学基金委员会为期 3 年的总计 20 万美元资助。犹他大学机械工程系提供助教人选，犹他大学副校长为改革资助了 11000 美元。犹他大学总结指出，SPIRAL 工程教育改革的适用环境主要包括三个特征：资源有限的大型公立高校；学生的科学、数学技能和工程知识等方面有所不足；学生数量激增。②

33. 西弗吉尼亚大学开发“建筑能源”工程教育教学计划

案例出处：美国工程院报告《为工程教育植入“真实世界的经历”》

报告时间：2012 年

案例内容摘要：

在西弗吉尼亚州能源部的支持和资助下，西弗吉尼亚大学机械工程系的高年级学生以 4 至 7 人为一组，进行为期 2 年、名为“建筑能源”的 Capstone 设计项目。项目主要针对西弗吉尼亚州的企业、学校和其他机构的能源技术、能源产品或者节能管理措施等。一个常见现象是，学生走出大学教室、走进真实的社会场景后，发现项目研究对象一般都并不符合理想的理论假设。③

“建筑能源”工程教育教学计划的教学目标是：教会学生在团队中运用工程设计原理和相关的技术、工具等，为建筑寻找节能、环保的能

① National Academy of Engineering. Infusing Real World Experiences into Engineering Education [M]. Washington, DC: The National Academies Press, 2012: 11.

② National Academy of Engineering. Infusing Real World Experiences into Engineering Education [M]. Washington, DC: The National Academies Press, 2012: 11.

③ National Academy of Engineering. Infusing Real World Experiences into Engineering Education [M]. Washington, DC: The National Academies Press, 2012: 13.

源解决方案；提升学生的写作、分析和表达能力；学习新思想，学习工程师和真实企业的运作；成长为终身学习者。①

项目取得了很大的成功。校友调查表明，团队性质的设计项目对于学生就业起到了积极作用。西弗吉尼亚州的企业和其他机构采用项目成果以后每年都能够节省能源支出数百万美元，西弗吉尼亚州的学校系统已经广泛推广使用项目的成果。

项目启动初期，每年支出约为 4 万美元，主要由西弗吉尼亚州的企业资助。2012 年前后，西弗吉尼亚发展办公室和西弗吉尼亚能源部每年共同提供基金 10 万美元。②

34. 大峡谷州立大学推进合作教育与 Capstone 工程设计的结合

案例出处：美国工程院报告《为工程教育植入“真实世界的经历”》

报告时间：2012 年

案例内容摘要：

大峡谷州立大学将其本科工程教育改革目标确定为“确保本科毕业生真正具备企业工作能力”。为此，大峡谷州立大学从 1987 年开始推进合作教育与 Capstone 工程设计的结合。所有的工程本科生都要参加合作教育。合作教育包括一门预备课程，内容涵盖雇主期望、真实世界的工程伦理案例研究等。然后，学生会进行 3 个学期的合作学习，合作企业和学校分别有一位导师指导，学生要在 3 个学期内进行工业现场工作、形成反思性的笔记、在线讨论工程伦理和工程经济学等问题。Capstone 工程设计项目的名称是“合同设计与建造”（Contract Design and Build）。Capstone 工程设计项目由参加合作教育的合作企业设置跨学科的工程题目，由工学院和企业两方分别安排导师指导完成项目。Capstone 工程设计项目的完成，不只是要求学生项目组形成成果，更重要的是要求企业将项目成果投向市场并获得市场反馈。因此，Capstone

---

① National Academy of Engineering. Infusing Real World Experiences into Engineering Education [M]. Washington, DC: The National Academies Press, 2012: 13.

② National Academy of Engineering. Infusing Real World Experiences into Engineering Education [M]. Washington, DC: The National Academies Press, 2012: 13.

工程设计项目不仅对工程产品、工程流程等提出要求，还需要制定相应的用户手册并解决用户提出的问题。[①]

大峡谷州立大学的这种合作教育模式广泛应用于校内的各个工程专业，包括计算机、电子、机械、产品设计与制造等各个专业。教学评价主要采用 ABET 工程教育认证标准。[②]

合作教育在设立初期从企业合作伙伴募集到 30 万美元的资助，每家企业的资助水平最初为 7.5 万美元左右。近年来，每家合作企业的资助上升到 25 万美元。负责组织合作教育的是大峡谷州立大学下属的职业发展服务办公室和职业咨询中心。这两个部门负责合作教育企业的遴选、管理、沟通等。大峡谷州立大学总结指出，专门的部门和专门的人员设置，既保障了合作教育的质量，也保障了企业的支持与资助。[③]

35. 西北大学设立职业生涯发展办公室

案例出处：美国工程院报告《为工程教育植入“真实世界的经历”》

报告时间：2012 年

案例内容摘要：

西北大学的职业生涯发展办公室始建于 1940 年，最初作为合作教育项目办公室而在美国高等教育界有一定的地位。后来，该办公室面向工科学生的具体业务除了合作教育之外，还拓展到包括企业实习、服务式学习项目、研究型实验室实习等。工科学生参加该办公室的活动时，主要引导学生将工程分析、工程设计、交流技能等通过团队项目的形式应用于真实世界。学生在参加合作教育、实习、项目学习之前，一般会选修“职业发展概论”课程。这门课程由该办公室组织，邀请企业工

① National Academy of Engineering. Infusing Real World Experiences into Engineering Education [M]. Washington, DC: The National Academies Press, 2012: 14.

② National Academy of Engineering. Infusing Real World Experiences into Engineering Education [M]. Washington, DC: The National Academies Press, 2012: 14.

③ National Academy of Engineering. Infusing Real World Experiences into Engineering Education [M]. Washington, DC: The National Academies Press, 2012: 14.

程师作为兼职教授来讲授。[①]

活动的组织和教学效果的评价主要依据 ABET 工程教育认证标准。统计表明，西北大学55%的本科生有合作教育、实习或者实验室研究的经历。[②]

根据 2012 年的数据，该办公室的运行经费为每年 5 万美元，其中包括西北大学每年 3.4 万美元的预算投入。西北大学 McCormick 工学院每年向办公室投入资金、人力等支持，因为办公室的绝大部分工作有助于增强本科工程教育实践性。为此，该办公室的全称是“McCormick 职业生涯发展办公室”。[③]

36. 亚利桑那大学综合理工校区设立 iProjects 教学计划

案例出处：美国工程院报告《为工程教育植入“真实世界的经历”》

报告时间：2012 年

案例内容摘要：

亚利桑那大学综合理工校区的技术与创新学院（CTI）的 iProjects 教学计划设立于 2008 年。技术与创新学院的所有本科生均可参加。学院为 iProjects 教学计划进行了系统的设计：以跨学科项目为主，综合运用课程中的项目经历；培养学生的团队工作和项目管理能力；从数十家申请企业中选择合作伙伴；改造物理空间使之适应工作室和实验室，新建了“创业实验室”，使学生能够把想法转变为项目；聘用了专职的导师负责学生项目的实现和为教师提供了工作坊；建立了可持续的基金资助模式；建立了全新的项目班级，名为“开始你的创业”。[④]

CTI 学院组建了 iProjects 委员会负责管理和评估项目。学院同外部

---

① National Academy of Engineering. Infusing Real World Experiences into Engineering Education [M]. Washington, DC: The National Academies Press, 2012: 15.

② National Academy of Engineering. Infusing Real World Experiences into Engineering Education [M]. Washington, DC: The National Academies Press, 2012: 15.

③ National Academy of Engineering. Infusing Real World Experiences into Engineering Education [M]. Washington, DC: The National Academies Press, 2012: 15.

④ National Academy of Engineering. Infusing Real World Experiences into Engineering Education [M]. Washington, DC: The National Academies Press, 2012: 16.

合作企业定期召开会议沟通项目教学的情况。项目的评估依据 ABET 工程教育认证标准。经过评估，在真实工程场景下的实践项目取得了很好的教学效果。[①]

iProjects 教学计划最初是自筹资金启动的。从第二年开始，资助由企业合作伙伴提供。一般地，一个典型的项目资助标准为 1 万美元。企业既可以按年度资助，也可以按照项目资助。2012 年前后，iProjects 教学计划被写入 CTI 学院的战略规划。[②]

37. 杜克大学启动美国工程院大挑战学者计划

案例出处：美国工程院报告《为工程教育植入“真实世界的经历”》

报告时间：2012 年

案例内容摘要：

2009 年，杜克大学启动了美国工程院发起的大挑战学者计划。美国工程院确立了工程领域面临的 14 项重大挑战（Grand Challenge），并由此发动了大挑战学者计划。根据美国工程院和杜克大学的设计，杜克大学大挑战学者计划包括五个方面：一是实践教学，包括与全球大挑战相关的独立研究或者项目教学；二是跨学科教学，培养工科学生具备在公共政策、商业、法律、道德伦理、人文、风险管理、医药和其他科学领域工作的能力；三是创业经历，即培养学生把工程发明转化为创新的能力；四是全球化维度，即培养学生在全球经济中引领创新活动的能力；五是服务式学习经历，即深化学生将工程专业技能用于解决社会问题的动机。[③]

杜克大学大挑战学者计划分为多个子项目，所有子项目都主要面向工学院的本科生。杜克大学设立了大挑战教授咨询委员会、大挑战学者计划委员会等对项目进行日常管理。大挑战学者计划分为两个阶段。第

① National Academy of Engineering. Infusing Real World Experiences into Engineering Education [M]. Washington, DC: The National Academies Press, 2012: 16.

② National Academy of Engineering. Infusing Real World Experiences into Engineering Education [M]. Washington, DC: The National Academies Press, 2012: 16.

③ National Academy of Engineering. Infusing Real World Experiences into Engineering Education [M]. Washington, DC: The National Academies Press, 2012: 18.

一个阶段是大一大二阶段，这一阶段主要是培养学生参与本科工程教育意识、使学生了解全球大挑战等，学生既可以选修相关的学分课程，也可以参加相关的课外活动。第二个阶段是大三大四阶段。在大三第一学期，学生可以撰写研究计划并提交给大挑战学者计划委员会申请继续参与大挑战学者计划。在大三第二学期，大挑战学者计划委员会根据研究计划等信息确定入选学生名单。入选大挑战学者计划的大三、大四学生需要深入完成相关的工作，参加成果展示、论文汇报等各项工作。参与项目的学生在完成毕业设计之后还应参加全国的大挑战峰会，在峰会上介绍自己的成果。①

美国工程院很重视大挑战学者计划的评价工作，尤其强调评价项目的深度。在大挑战学者计划的五个方面中，实践教学和跨学科教学要求深度实现，创业经历、全球化维度和服务式学习经历等要求中等深度实现。②

杜克大学大挑战学者计划启动时的资金总计 10 万美元。此后，杜克大学工学院争取到很多捐赠经费用于大挑战学者计划。③

38. 麻省理工学院开展工程领导力教育

案例出处：美国工程院报告《为工程教育植入“真实世界的经历”》

报告时间：2012 年

案例内容摘要：

2008 年，麻省理工学院启动了“伯纳德 · M. 戈登-麻省理工学院工程领导力”项目，简称戈登领导力项目。从名称可以看出，麻省理工学院以“工程”冠名于“领导力”之前，表明了以领导力培养来推进本科工程教育改革的思路。麻省理工学院设立该项目的主要目的有两个：其一是培养和造就善于创新、善于发明、善于执行的新一代工程

---

① National Academy of Engineering. Infusing Real World Experiences into Engineering Education [M]. Washington, DC: The National Academies Press, 2012: 18.

② National Academy of Engineering. Infusing Real World Experiences into Engineering Education [M]. Washington, DC: The National Academies Press, 2012: 18.

③ National Academy of Engineering. Infusing Real World Experiences into Engineering Education [M]. Washington, DC: The National Academies Press, 2012: 18.

师；其二是引领美国本科工程教育更加重视工程领导力，从而增强美国的产品研发能力。从教学设计来看，戈登领导力项目重点融合三个方面的教学：校园内和校园外实践、观察和讨论工程领导力教育的深刻体验；为工程领导力教育提供理论和分析框架的课程；教师、同辈、校友、企业导师等各方在各类活动中的反思、评价和反馈。①

戈登领导力项目的面向分为四个维度。大一大二期间的戈登领导力项目以相关的概论性课程为主。从大三大四学年开始，戈登领导力项目设置较为系统的工程领导力、工程设计、工程创新、动手实践项目、导师制和个人领导力计划。而且，按照深入程度又分为两个阶段，要求学生在第二个阶段比在第一个阶段习得更高阶的技能。这种根据深入程度设置不同阶段的做法，既确保了更多的学生渐进地参与，也确保了最优秀的学生能够得到最系统的训练。②

戈登领导力项目设计了工程领导力效能量表，通过前测、后测等手段来评估教学效果。量表测评表明，戈登领导力项目的教学效果良好。尤其重要的是，通过戈登领导力项目，很多学生学会了带领和激励团队工作，而这正是"领导力"的核心内涵所在。③

戈登领导力项目的启动资金来自伯纳德·M. 戈登基金会捐赠的2000万美元。麻省理工学院工学院为该项捐赠争取到一定数额的配套经费。④

39. 莱斯大学开设"超越传统边界"的设计课程

案例出处：美国工程院报告《为工程教育植入"真实世界的经历"》

报告时间：2012 年

---

① National Academy of Engineering. Infusing Real World Experiences into Engineering Education [M]. Washington, DC: The National Academies Press, 2012: 19.

② National Academy of Engineering. Infusing Real World Experiences into Engineering Education [M]. Washington, DC: The National Academies Press, 2012: 19.

③ National Academy of Engineering. Infusing Real World Experiences into Engineering Education [M]. Washington, DC: The National Academies Press, 2012: 19.

④ National Academy of Engineering. Infusing Real World Experiences into Engineering Education [M]. Washington, DC: The National Academies Press, 2012: 19.

案例内容摘要：

2005 年，莱斯大学开始开设“超越传统边界”（Beyond Traditional Borders，BTB）的设计课程。该课程面向莱斯大学所有学生，但主要以工程设计为方法框架来解决复杂的医学健康问题。这些医学健康问题是由莱斯大学在全球各地医学领域的合作者提出的，突出反映了资源不足地区的医学与健康困境。参加设计课程的学生组成跨学科团队，由校外医学领域合作者组成导师组进行指导。课程要求学生根据选题资助确立设计标准、设计方案，然后学生试制、测试和改进样机，最后将设计成果提交给导师组。课程要求设计成果必须是解决某一全球性健康问题的“有用”发明。为了完成该门设计课程的学习，很多学生在假期进入医院或者健康部门实习。[①]

截至 2012 年，该课程已经有 1 项技术被授权给工业界，另有若干项专利获得授权，有 58 项设计成果被应用于治疗 45000 名病人。研究表明，参加 BTB 课程的学生显著比未参加该课程的学生有更强的工程竞争力：60%的参加 BTB 课程学生认为创造力显著提升，而非参加 BTB 课程学生这一比例只有 28%；78%的参加 BTB 课程学生认为领导力显著提升，而非参加 BTB 课程学生这一比例只有 44%；60%的参加 BTB 课程学生认为学会了有效推进社会变革，而非参加 BTB 课程学生这一比例只有 40%；94%的参加 BTB 课程学生认为提高了解决真实问题的能力，而非参加 BTB 课程学生这一比例只有 76%。[②]

BTB 课程的资助强度为 4 年 220 万美元，资金来源为 Howard Huges 医学研究院。在该研究院的资助到期后，莱斯大学争取到了社会捐赠延续该项目。莱斯大学为该项目提供了 1.2 万平方英尺的场地，以及优秀的师资队伍等。[③]

---

① National Academy of Engineering. Infusing Real World Experiences into Engineering Education [M]. Washington, DC: The National Academies Press, 2012: 20.

② National Academy of Engineering. Infusing Real World Experiences into Engineering Education [M]. Washington, DC: The National Academies Press, 2012: 20.

③ National Academy of Engineering. Infusing Real World Experiences into Engineering Education [M]. Washington, DC: The National Academies Press, 2012: 20.

40. 圣塔克拉拉大学设立“场地机器人”跨学科项目

案例出处：美国工程院报告《为工程教育植入“真实世界的经历”》

报告时间：2012 年

案例内容摘要：

1999 年，圣塔克拉拉大学机器人系统实验室设立了“场地机器人”跨学科项目。该项目由学生团队完成机器人的设计、制造、测试和展示。这些机器人系统应满足于特定客户的需求，适用于陆、海、空等多种环境。该项目启动以后很快就吸引了政府部门、企业、学术机构等的关注和支持。校内参加该项目教学的学生来自机械、电子、计算机、土木工程、生物工程、数学、物理学、商业管理等多个领域。该项目的教学目标是：提供真实世界教学经历、动手实践经历、跨学科工程教育经历等；提供项目学习经历，完成从摇篮到坟墓的产品全生命周期项目经历；培养学生规划、组织和管理一个团队的能力；培养学生了解用户需求，根据成本效益原则解决问题的能力；提供有挑战、需要做出研究的工程活动机会；使学生进入一种紧迫的、受到激励的状态等。[①]

在教学的组织方面，大一至大四的本科生都可以参加“场地机器人”跨学科项目。大三和大四的学生主要解决富有挑战性的工程问题，大一和大二学生则主要通过项目进行基本知识的学习，以及完成运行和维护的工作。项目的教学效果评价主要依据 ABET 工程教育认证标准。项目经费主要由相关企业资助。[②]

41. 加州大学圣迭戈分校工学院实施国际化的夏季团队实习教学计划

案例出处：美国工程院报告《为工程教育植入“真实世界的经历”》

报告时间：2012 年

案例内容摘要：

加州大学圣迭戈分校工学院的国际化夏季团队实习教学计划（Team

① National Academy of Engineering. Infusing Real World Experiences into Engineering Education [M]. Washington, DC: The National Academies Press, 2012: 21.

② National Academy of Engineering. Infusing Real World Experiences into Engineering Education [M]. Washington, DC: The National Academies Press, 2012: 21.

Internship Program，TIP）始于2003年。参加该计划的学生在企业参加典型工程项目工作10至12周。每2至5名不同学科的学生组成一个跨学科团队。从学生的学科来看，以工学院学生为主，有时也会有MBA、认知科学、视觉艺术等其他专业领域的学生参加。团队实习项目的地点以圣迭戈市和硅谷为主，后来逐渐开发了很多位于中国、德国、印度、以色列、日本、韩国等的国际项目。工学院有专职员工负责团队实习项目的宣传、学生遴选、岗前培训等事项。特别重要的是，团队实习项目对于企业合作伙伴的要求很高。企业要参与团队实习项目，必须按照工学院的要求预先设计和提交一个项目计划。加州大学圣迭戈分校认为，这一要求对学校和企业都有好处。从学校层面来说，只有经过筛选的项目才能在最短的时间里取得最好的教育教学效果。对于企业来说，只有前期认真投入才有可能在后期重视实习项目并且从人员、资金等方面有一定的投入。2003年项目启动时，TIP只有一个学生团队。截至2012年，已经有66家企业接收了248个团队总计717名学生实习。①

该项目的教学效果评价包括教师评价、学生自评和合作企业评价等。2011年的教学评价效果调查表明，63%的实习学生获得了相关企业发出的继续实习或者全职入职的邀请，67%的学生认为团队实习项目对其学业和职业选择产生了积极的影响，96%的学生表示将会向其他同学推荐该团队实习项目。2011年的调查还显示，所有的参与企业都表示以后会继续参与TIP项目。企业认为参与TIP项目的好处有：提前收集到应聘简历，培养领导力，参加校园展示和校园面试。统计表明，平均每年从TIP项目中至少产生两项专利。②

在经费方面，TIP项目的校内预算为每年6000美元，外加一位全职员工的年薪。TIP项目的预算每年会依据效果等进行调整。项目对合作企业收费，每年每家企业支付年费3000美元至25000美元不等。此

① National Academy of Engineering. Infusing Real World Experiences into Engineering Education [M]. Washington, DC: The National Academies Press, 2012: 22.

② National Academy of Engineering. Infusing Real World Experiences into Engineering Education [M]. Washington, DC: The National Academies Press, 2012: 22.

外，企业会为实习学生支付实习工资。但经过核算，企业使用实习员工的成本仍然会远低于使用正式员工的成本。[①]

42. 马萨诸塞大学艾姆赫斯特分校培养学生在多元化团队中工作

案例出处：美国工程院报告《为工程教育植入“真实世界的经历”》

报告时间：2012 年

案例内容摘要：

马萨诸塞大学艾姆赫斯特分校的化学工程专业自 2006 年以来推进多元化教育，即培养学生在多元化的团队中工作。多元化教育项目对化学工程专业的本科生和研究生课程都做了全面的变革，尤其是在本科教育中增加了研究经历的比重。多元化教育项目的目标是：让学生认识到工程活动中女性和少数民族参与的意义；培养学生的交流技能、谈判技能和管理技能等，教会学生如何提升工程活动中的人员多元化程度。多元化教育项目的具体活动包括：开办讲座讨论多元化议题；开发情景剧等，让学生以戏剧形式表现多元化冲突情节等；邀请女性工程师和少数民族工程师讨论工程经历。[②]

多元化教育项目的教学效果评估主要依据 ABET 工程教育认证标准。项目启动经费为 6000 美元，是马萨诸塞大学艾姆赫斯特分校校内的一笔竞争性经费。学校其他部门有相关的配套经费。[③]

43. 得克萨斯大学奥斯汀分校发展以项目为中心的教学

案例出处：美国工程院报告《为工程教育植入“真实世界的经历”》

报告时间：2012 年

案例内容摘要：

得克萨斯大学奥斯汀分校机械工程系从 2000 年开始推进以项目为中心的本科工程教育改革。改革的五个中心议题包括：将理论与实践相

---

① National Academy of Engineering. Infusing Real World Experiences into Engineering Education [M]. Washington, DC: The National Academies Press, 2012: 22.

② National Academy of Engineering. Infusing Real World Experiences into Engineering Education [M]. Washington, DC: The National Academies Press, 2012: 23.

③ National Academy of Engineering. Infusing Real World Experiences into Engineering Education [M]. Washington, DC: The National Academies Press, 2012: 23.

结合；回归工程教育的实践传统；培养良好的团队工作与组织技能；提高交流技能；培养处理复杂开放式问题的竞争力。改革的具体活动包括：与企业工程师合作开发本科工程教育教学案例；以电话会议的方式展示企业现场对工程原理的应用；建设实验室并将实践教学同核心课程的理论相结合；在若干门理论课程中增加计算机模拟的内容；建设在线的工程项目库；开发综合性的评价方法；组织“未来之桥”等活动，引导优秀本科生提前进入研究生阶段学习。①

机械工程系的教师经常以非正式的研讨会形式讨论21世纪的机械工程师应该是怎样的。在企业合作伙伴的支持下，机械工程系通过工作坊确立了15个标杆项目。改革的教学效果评价主要依据ABET工程教育认证标准。②

项目的启动资金为4年90万美元，其中70%由企业资助、30%由大学配套。经费的支出大致为：60%用于购置或维护设备；30%用于工资支出；10%用于管理费用及其他杂项支出。③

44. 弗吉尼亚联邦大学建立“达·芬奇产品创新中心”

案例出处：美国工程院报告《为工程教育植入“真实世界的经历”》

报告时间：2012年

案例内容摘要：

2007年，弗吉尼亚联邦大学的艺术学院、商学院和工学院合作建立了“达·芬奇产品创新中心”。建立该中心的目的包括：引导学生以产品创新为事业；通过艺术、商业、工程、人文和科学的跨学科融合推进创新；作为弗吉尼亚联邦大学推进创新和创业的一个源泉。达·芬奇产品创新中心既有本科教育，又有硕士研究生教育。从教学目标来看，该中心的首要目标是在真实环境中通过真实问题的研究与实践来培养学

① National Academy of Engineering. Infusing Real World Experiences into Engineering Education [M]. Washington, DC: The National Academies Press, 2012: 24.

② National Academy of Engineering. Infusing Real World Experiences into Engineering Education [M]. Washington, DC: The National Academies Press, 2012: 24.

③ National Academy of Engineering. Infusing Real World Experiences into Engineering Education [M]. Washington, DC: The National Academies Press, 2012: 24.

生的分析技能、创造技能和团队技能，从而使其具备领导力。达·芬奇产品创新中心的所有项目都需要从跨学科角度创新，由此，该中心的人才培养目标确定为“T 型”人才。“T 型”人才是借用 IDEO 的 CEO 兼总裁 Tim Brown 提出的概念。“T 型”人才是指既有某一专业学科的深度知识，又有创新活动所需要的广度知识。[①]

达·芬奇产品创新中心本科教学的核心内容是一个 Capstone 项目。该项目由企业资助，由学生组成团队在学校导师的指导下完成。企业指定一个项目代表负责项目教学。项目的教学效果评价主要由组成中心的艺术学院、商学院和工学院教师及企业代表完成。2012 年，从企业经理的反馈来看，所有的企业都表示将继续资助达·芬奇产品创新中心的项目。[②]

达·芬奇产品创新中心的启动经费为艺术学院、商学院、工学院共同出资的 15 万美元。该中心的运行经费为每年 28 万美元，全部由合作企业资助。[③]

45. 佐治亚理工学院设立纵向整合项目（VIP）教学计划

案例出处：美国工程院报告《为工程教育植入“真实世界的经历”》

报告时间：2012 年

案例内容摘要：

2009 年，佐治亚理工学院启动了名为“纵向整合项目”（Vertically Integrated Projects，VIP）的教学计划。该计划要求学生将教师的研究成果开发为产品。VIP 学生团队有以下几个特征：规模大，每个团队有 10 至 20 名本科生；多学科，参加 VIP 团队的学生来自佐治亚理工学院的各个专业；纵向整合，学生从大二到大四都可以申请加入项目；长周期，每位本科生最长可以参加为期 3 年的项目。之所以组织 10 至 20 人

① National Academy of Engineering. Infusing Real World Experiences into Engineering Education [M]. Washington, DC: The National Academies Press, 2012: 25.

② National Academy of Engineering. Infusing Real World Experiences into Engineering Education [M]. Washington, DC: The National Academies Press, 2012: 25.

③ National Academy of Engineering. Infusing Real World Experiences into Engineering Education [M]. Washington, DC: The National Academies Press, 2012: 25.

的团队并且按照纵向组织，是因为佐治亚理工学院希望 VIP 团队按照一个真正的小型工程设计企业进行运作。在 VIP 团队中，大二学生主要承担入门性质的工作并向高年级学生学习相关专业技能，大三大四学生则主要在研究生和导师的指导下进行专业的工程工作。佐治亚理工学院计划每年至少组织 100 个 VIP 团队、1500 名以上的本科生参加纵向整合项目，确保每个专业都有至少一个纵向整合项目。①

纵向整合项目的经费包括美国自然科学基金委员会资助和企业资助。佐治亚理工学院提供场地和部分设备。②

46. 伊利诺伊理工大学设立“特色教育”项目

案例出处：美国工程院报告《为工程教育植入“真实世界的经历”》

报告时间：2012 年

案例内容摘要：

2010 年，伊利诺伊理工大学设立了“特色教育”（Distinctive Education）项目。该项目的主要目的有三方面。其一，推进本科工程教育从一对多模式向多对多模式转变。所谓一对多模式是指教室讲授和实验室实验，由一个老师指导多名学生。多对多模式则是指多名教师同多名学生互动。其二，为创造性地解决问题提供各种条件。其三，培养团队合作意识，提高交流技能，提高师生互动水平。“特色教育”项目的具体内容包括：融合企业专家和问题解决（Industry Experts and Problem Solving，IPRO 2.0）的跨学科教学，建立教师和专业工程师合作网络；提供 1.3 万平方英尺的场地面向所有学生建立创意工场（Idea Shop），在创意工场内可以提供导师指导和材料、技术、设备等；改善技术环境，每位大一学生入校之后即可从学校获得 iPad 设备。学校改善技术环境，确保学生能够极其方便地进行网上学习等。伊利诺伊理工大学还把 IPRO 2.0 纳入教师考核，则要求所有的本科生完成至少两门 IPRO

① National Academy of Engineering. Infusing Real World Experiences into Engineering Education [M]. Washington, DC: The National Academies Press, 2012: 26.

② National Academy of Engineering. Infusing Real World Experiences into Engineering Education [M]. Washington, DC: The National Academies Press, 2012: 26.

2.0 项目课程，每门课程 3 学分。[1]

“特色教育”项目每年支出经费近 120 万美元。经费主要来源是大学投入，另外有一部分由企业资助。[2]

47. 阿肯色大学设立“工程职业意识”项目

案例出处：美国工程院报告《为工程教育植入“真实世界的经历”》

报告时间：2012 年

案例内容摘要：

2007 年，阿肯色大学启动了“工程职业意识”（Engineering Career Awareness Program，ECAP）项目。该项目主要目的是提高少数人群参与本科工程教育的积极性。所谓本科工程教育的少数人群包括低收入家庭的学生、少数民族学生和女性学生等。该项目尤其针对少数人群本科生的保有率实施以下举措：为少数人群提供奖学金；为少数人群提供有偿的实习、合作教育、研究和海外学习机会；由高年级学生提供指导；建立学习共同体；为大一少数人群学生提供模块化课程和特殊的教学服务。[3]

根据 2011 年的统计，通过 ECAP 项目，阿肯色大学本科工程教育大一的少数民族学生提高了 190%，参加 ECAP 项目学生的本科工程教育保有率也显著高于未参加 ECAP 项目的学生。[4]

ECAP 项目的启动资金是工学院提供的 10 万美元，此外，工学院耗资 30 万美元改造了 5500 平方英尺的场地供 ECAP 项目使用。[5]

---

① National Academy of Engineering. Infusing Real World Experiences into Engineering Education [M]. Washington, DC: The National Academies Press, 2012: 27.

② National Academy of Engineering. Infusing Real World Experiences into Engineering Education [M]. Washington, DC: The National Academies Press, 2012: 27.

③ National Academy of Engineering. Infusing Real World Experiences into Engineering Education [M]. Washington, DC: The National Academies Press, 2012: 28.

④ National Academy of Engineering. Infusing Real World Experiences into Engineering Education [M]. Washington, DC: The National Academies Press, 2012: 28.

⑤ National Academy of Engineering. Infusing Real World Experiences into Engineering Education [M]. Washington, DC: The National Academies Press, 2012: 28.

48. 博伊西州立大学设立本科服务式学习项目

案例出处：美国工程院报告《为工程教育植入“真实世界的经历”》

报告时间：2012 年

案例内容摘要：

博伊西州立大学“工程概论”课程是一门以项目为基础的实验室课程。2009 年，该课程设立了“服务式学习经历：真实世界的工程设计”（First Undergraduate Service Learning Experience：Real - World Adaptive Engineering Design）本科项目，简称 FUSE 项目。该项目主要针对残疾人群设计工程产品。学生在完成一定的课程准备以后，同残疾用户沟通完成样品的设计。截至 2012 年，已经完成 60 余个残疾人用品设计项目。[①]

FUSE 项目的教学目标是：解决一个工程问题并认识到其中的创造性、挑战性和相应的收获；在工程设计中应用批判思维能力和问题解决技能，确认、分析和解决真实的问题；实践工程技能，包括管理技能、多学科团队工作技能、交流技能等；为共同体做出贡献；让学生了解自己，包括了解自己的优势和弱势。该项目的教学评价主要依据 ABET 工程教育认证标准。[②]

FUSE 项目的教学成本大致为生均 50 美元。博伊西州立大学为该项目提供 6000 美元的年度资助。[③]

49. 威斯康星大学麦迪逊分校建立医学工程实习项目

案例出处：美国工程院报告《为工程教育植入“真实世界的经历”》

报告时间：2012 年

案例内容摘要：

2010 年，威斯康星大学麦迪逊分校建立了名为 Nephrotex 的本科工程教育大一专业实践项目。该项目有三个目的：一是引导大一学生接触

① National Academy of Engineering. Infusing Real World Experiences into Engineering Education [M]. Washington，DC：The National Academies Press，2012：29.

② National Academy of Engineering. Infusing Real World Experiences into Engineering Education [M]. Washington，DC：The National Academies Press，2012：29.

③ National Academy of Engineering. Infusing Real World Experiences into Engineering Education [M]. Washington，DC：The National Academies Press，2012：29.

真实的工程实践；二是引导学生参与工程设计和解决复杂工程问题；三是提高女性和少数民族等少数人群在本科工程教育中的比例。该项目的实施主要是由大一学生在医学设备公司 Nephrotex 实习。教师、助教和学生都作为公司的员工开展工作。要求学生完成设计—制造—测试的整个工程流程，最终成果为一台光学医学设备的样机。由于项目涉及认知科学，学生团队由工学院和教育学院的本科生共同组成。①

教学效果的评价主要依据 ABET 工程教育认证标准。经过评价和统计分析，参加该项目的学生在工程设计能力方面明显强于未参加该项目的学生，由于项目的因素，少数人群参加本科工程教育的比例也显著高于未参加该项目的对照组。该项目由美国自然科学基金委员会提供 50 万美元的资助。②

50. 伍斯特理工学院开设“重大问题研讨班”

案例出处：美国工程院报告《为工程教育植入“真实世界的经历”》

报告时间：2012 年

案例内容摘要：

2007 年，伍斯特理工学院为大一学生开设了“重大问题研讨班”(Great Problems Seminars，GPS)。该研讨班的教学目标是：教育学生参与当代的重大事件或解决当代社会的重大问题；发展学生的批判思维能力、解读信息的能力和基于证据写作的能力；培养学生的团队工作能力、时间管理能力、组织能力和个人责任意识；为大一学生提供项目经历，为以后的项目教学打下基础。GPS 研讨当代最重要的能源、食物、健康等问题，并把美国工程院大挑战学者计划作为重点。③

GPS 的教学分为两个部分。第一部分是课程，主要由教师引导进行重大问题的研讨。第二部分是由 3 至 5 名本科生组成团队选择一个更加

① National Academy of Engineering. Infusing Real World Experiences into Engineering Education [M]. Washington, DC: The National Academies Press, 2012: 30.

② National Academy of Engineering. Infusing Real World Experiences into Engineering Education [M]. Washington, DC: The National Academies Press, 2012: 30.

③ National Academy of Engineering. Infusing Real World Experiences into Engineering Education [M]. Washington, DC: The National Academies Press, 2012: 31.

聚焦的问题以项目形式提供问题解决方案。课程的考核主要是基于论文写作和项目，而不是基于考试。GPS 的支出为每年 11 万美元，全部由伍斯特理工学院预算投入。①

51. 康奈尔大学设立了洪都拉斯水处理工程教学计划

案例出处：美国工程院报告《为工程教育植入“真实世界的经历”》

报告时间：2012 年

案例内容摘要：

2005 年，康奈尔大学设立了洪都拉斯水处理工程教学计划。该教学计划由师生共同组成团队，研究、设计和开发针对全球贫困地区的水处理技术与设施。通过与非政府组织合作，康奈尔大学学生在洪都拉斯设计了 6 家水处理工厂。这些工厂每天解决 32300 人的安全饮水问题。该教学计划是从共同体建设的角度来进行的——康奈尔大学师生从水质、经济、运行、管理等多个角度进行水处理工厂的设计。该教学计划还为洪都拉斯的中小城镇建立起了管理制度，培养管理人员。由此，该教学计划形成了一套适用于洪都拉斯的、成熟的水处理技术。②

康奈尔大学总结指出，洪都拉斯水处理工程教学计划的教育意义在于使学生形成了全球视野。总计有超过 100 名学生到洪都拉斯交换学习。该教学计划取得了良好的社会效果，因此吸引了很多学生到康奈尔大学学习。③

Agua Clara 项目的启动经费经估算为 17. 5 万美元，主要由基金会资助。一般地，洪都拉斯当地政府承担每个项目成本的 15%—20%。美国自然科学基金委员会也有资助。④

① National Academy of Engineering. Infusing Real World Experiences into Engineering Education [M]. Washington, DC: The National Academies Press, 2012: 31.

② National Academy of Engineering. Infusing Real World Experiences into Engineering Education [M]. Washington, DC: The National Academies Press, 2012: 32.

③ National Academy of Engineering. Infusing Real World Experiences into Engineering Education [M]. Washington, DC: The National Academies Press, 2012: 32.

④ National Academy of Engineering. Infusing Real World Experiences into Engineering Education [M]. Washington, DC: The National Academies Press, 2012: 32.

52. 莱斯大学建立了“纳米日本”教学计划

案例出处：美国工程院报告《为工程教育植入“真实世界的经历”》

报告时间：2012 年

案例内容摘要：

2006 年，莱斯大学建立了“纳米日本”（NanoJapan）教学计划。莱斯大学认为，日本拥有全球最先进的纳米技术研究，因此将本科生送到日本完成 12 周的暑期项目。该项目在大一大二期间进行，主要培养本科生的跨文化工作能力和对纳米科技的兴趣。该项目的前 3 周主要是在日本进行语言和文化学习，然后学生被派往日本的各个大学实验室开展研究。①

参加项目的不只有莱斯大学的本科生，还有美国其他院校的学生。截至 2012 年，共有 37 所美国院校的 106 名大一大二本科生参加纳米日本项目。纳米日本项目将工程教育的少数人群作为重点。截至 2012 年，参与活动的学生中有 35%的女生和 15.1%的少数民族。39 名参加项目的学生继续攻读 STEM 领域的研究生。项目的支出水平为每个学生 1.38 万美元。②

53. 罗得岛大学建立国际工程项目

案例出处：美国工程院报告《为工程教育植入“真实世界的经历”》

报告时间：2012 年

案例内容摘要：

罗得岛大学从 1987 年开始实施其国际工程项目（International Engineering Program，IEP）。该项目的合作伙伴包括德国、法国、西班牙和中国等国家的大学与企业。参加该项目的学生整个大四期间都在国外学习，毕业以后同时获得罗得岛大学的工程领域科学学士学位和合作国家的工艺学士学位。在国外的一年学习时间，其中一个学期在国外大

---

① National Academy of Engineering. Infusing Real World Experiences into Engineering Education [M]. Washington, DC: The National Academies Press, 2012: 33.

② National Academy of Engineering. Infusing Real World Experiences into Engineering Education [M]. Washington, DC: The National Academies Press, 2012: 33.

学做相关的研究，另一个学期在国外的企业实习。①

国际工程项目的教学目标包括：提升技术能力；提升语言竞争力，尤其是按照相应合作国家的语言评价标准具有第二语言乃至第三语言的竞争力；提高跨文化交流技能；理解其他文化背景下工程实践活动的能力；建立自己的全球专业工作网络；提高在全球工作场所发现新事物和享受旅游的能力；提高申请全球最好的研究生院和争取其他机会的能力。②

项目的启动资金是3年15.5万美元的基金资助。此后，美国教育部、美国自然科学基金委员会、德国和中国政府等都有相应的资助。③

54. 欧林工学院建立工程教育新模式

案例出处：美国工程院报告《培养工程师：在新的学习模式下培养21世纪的领导者》

报告时间：2013年

案例内容摘要：

欧林工学院是当时的一所新建院校。1999年到校工作的Richard Miller是欧林工学院的建校校长，也是欧林工学院的第一位员工。Miller校长为欧林工学院确立的目标是零基础设计全新的工程教育。同Miller校长一道创建欧林工学院的第一批教师首先花了两年时间讨论基本问题，具体包括：什么是工程？人类如何学习？如何重构工程教育？经过讨论，教师们达成基本共识：工程不是知识的集合；“工程是一个过程，工程是一种思维方式”。Miller校长认为工程教育显然不同于基础科学的教育：“航空工业是从自行车作坊起步的，而不是由物理学博士们起步的。”教师们讨论后一致认为：工程师是想象尚不存在的事物并

---

① National Academy of Engineering. Infusing Real World Experiences into Engineering Education [M]. Washington, DC: The National Academies Press, 2012: 34.

② National Academy of Engineering. Infusing Real World Experiences into Engineering Education [M]. Washington, DC: The National Academies Press, 2012: 34.

③ National Academy of Engineering. Infusing Real World Experiences into Engineering Education [M]. Washington, DC: The National Academies Press, 2012: 34.

使之实现的一类人。[①]

2000 年，欧林工学院开始对工程教育的系统进行设计和测试。学院把 2000 年称为“发明 2000”，即在 2000 年发明一套全新的工程教育体系。课程体系由教师和 30 个学生共同设计并完成测试。欧林工学院的课程主要由项目构成，学生绝大多数时间是通过跨学科、团队式项目进行学习的。欧林工学院的工程教育融合传统工程教育、创业教育、艺术与人文、社会科学等多个方面，致力于培养“文艺复兴式的工程师”（Renaissance Engineer）。[②]

在学校的管理和运作方面，欧林工学院最初几年是免学费的。后来，学生支付一半的学费并申请奖学金。如果学生没有奖学金的话，学费额度会更低。欧林工学院不采用美国大学通用的长聘制度，而是为教师提供定期合同。欧林工学院同相邻的 Babson College 合作，采用 Babson College 的创业教育。[③]

欧林工学院不设院系。Miller 校长指出，并不希望学生把自己划归自然科学或者工程的具体学科中。学院引导学生专注于“过程”，因为“过程”被学院认为是工程教育的中心——科学在学生解决问题、实现效果的过程中充当“脚手架”的角色。[④]

Miller 校长用艺术教育来类比工程教育。设想一个孩子要学拉小提琴。根据传统的工程教育，必须先学声学理论，然后学作曲等，最后学生都已经厌倦音乐艺术时才可能接触到小提琴。欧林工学院新设计的工

---

① National Academy of Engineering of the National Academies. Educating Engineers: Preparing 21st Century Leaders in the Context of New Modes of Learning: Summary of a Forum [M]. Washington: National Academies Press, 2013: 1-5.

② National Academy of Engineering of the National Academies. Educating Engineers: Preparing 21st Century Leaders in the Context of New Modes of Learning: Summary of a Forum [M]. Washington: National Academies Press, 2013: 1-5.

③ National Academy of Engineering of the National Academies. Educating Engineers: Preparing 21st Century Leaders in the Context of New Modes of Learning: Summary of a Forum [M]. Washington: National Academies Press, 2013: 1-5.

④ National Academy of Engineering of the National Academies. Educating Engineers: Preparing 21st Century Leaders in the Context of New Modes of Learning: Summary of a Forum [M]. Washington: National Academies Press, 2013: 1-5.

程教育体系把工程教育作为一种表现艺术，让学生更早地接触到真实世界的工程活动，始终保持对工程活动的热情和兴趣。①

欧林工学院认为，推进跨学科教育的一个办法是把学生和科学与工程原理一起带入教科书的背景。例如，欧林工学院的一门“历史材料”课程，把历史科学与材料科学融合在一起，由一名历史学家和一名材料科学家共同完成课程教学。课程以美国历史上的冶金学家、创业者、爱国者 Paul Revere 为切入点进行教学，学生能够很快进入历史场景。在欧林工学院的另外一门课程中，以 Paul Romer 的“宪章城市”概念为切入点，30 名学生组成的跨学科团队将设计出 21 世纪的城市，包括城市交通、可持续能源、社会正义、银行系统、国际关系等多方面的设计。这样的课程将会促使学生去思考自己的职业，提高自己的互动能力，而且让学生跳出学科思维去思考真正的大问题。②

55. 科罗拉多大学博尔德分校积极参与改变话语方式行动

案例出处：美国工程院报告《为工程事业传递信息：从研究到行动》

报告时间：2013 年

案例内容摘要：

美国工程院在世纪之交酝酿发起了“改变话语方式”（Changing the Conversation，CTC）行动，意图提升工程活动、工程教育的公众形象。科罗拉多大学博尔德分校积极参与 CTC 行动，因此被作为典型案例。该校组织 CTC 行动的人主要是 Jackie Sullivan。她同工学院的员工积极沟通，解释和宣传 CTC 行动。在争取到工学院的支持以后，科罗拉多大学博尔德分校举办了全校性的工作坊，制作了更有利于工程教育的招生宣传材料。通过 CTC 行动，科罗拉多大学博尔德分校工程教育的人口特征显著改善。2012 年的统计数据表明，注册工学院的少数民族学

---

① National Academy of Engineering of the National Academies. Educating Engineers：Preparing 21st Century Leaders in the Context of New Modes of Learning：Summary of a Forum [M]. Washington：National Academies Press，2013：1-5.

② National Academy of Engineering of the National Academies. Educating Engineers：Preparing 21st Century Leaders in the Context of New Modes of Learning：Summary of a Forum [M]. Washington：National Academies Press，2013：19-20.

生达到 109 人，超过 2004 年至 2008 年的年均人数的两倍。少数民族学生的保有率提高了 56%。注册工学院的女生从 2004 年至 2008 年的年均 137 人增长到了 2009 年至 2012 年的年均 178 人。[①]

56. 佛罗里达大学工学院夏季项目有效提升工程教育吸引力

案例出处：美国工程院报告《跨越障碍：工程教育的种族多样性》

报告时间：2014 年

案例内容摘要：佛罗里达大学工学院的 Successful Transition and Enhanced Preparation for Undergraduates Program（STEPUP）项目始于 20 世纪 80 年代。该项目主要针对即将报考大学的学生。通过 STEPUP 项目，这些学生对工程和工程教育产生了浓厚的兴趣。STEPUP 项目重点关注少数人群，包括家庭经济困难学生、少数民族学生等。STEPUP 项目为期 1 年，其中核心活动是每年 6 月至 7 月组织的为期 6 周的夏令营。该夏令营组织学生进行一系列的课程和其他活动。夏令营主要由高年级学生担任同伴导师。夏令营的经费由佛罗里达大学工学院募捐而来。很多企业为了招募暑期实习生，也会资助并参与该活动。研究表明，该项目对佛罗里达大学工学院提升本科工程教育保有率和提高学生来源多元化有很显著的作用。[②]

57. 亚利桑那州立大学等建立“纳米技术与社会”研究中心

案例出处：美国研究委员会及美国工程院报告《新兴技术与国家安全：以伦理、法治和社会为分析框架》

报告时间：2014 年

案例内容摘要：新兴技术面临的伦理与社会问题正引起美国各方的关注。2001 年，美国成立了美国纳米技术行动组织（NNI）。该组织在亚利桑那州立大学和加州大学圣芭芭拉分校分别建立了“纳米技术与

① National Academy of Engineering. Messaging for Engineering：From Research to Action［M］. Washington，DC：The National Academies Press，2013：27.

② National Academy of Engineering of the National Academies. Surmounting the Barriers：Ethnic Diversity in Engineering Education［M］. Washington：National Academies Press，2014：12.

社会”研究中心，着重研究纳米技术引起的社会与伦理问题。[①]

58. 加州大学圣芭芭拉分校有浓厚的跨学科学术氛围

案例出处：美国工程院报告《培养创新：影响创新活动的因素分析——基于创新者与利益相关者投入的角度》

报告时间：2015 年

案例内容摘要：Alan Heeger，加州大学圣芭芭拉分校的化学与生物化学教授，诺贝尔化学奖得主，若干家公司的创始人或联合创始人。相比化学家，他更愿意自称为跨学科科学家：“我对现代科学做出贡献，是因为我是一个跨学科科学家……学生们相互讨论，然后取得了一些数据。他们拿着这些数据来向我请教。有时候我也不知道这些数据如何处理。这就是我们加州大学圣巴巴拉分校的跨学科研究方法。我很喜欢这种方法。”[②]

59. 伊利诺伊大学香槟分校本科生参与科研活动

案例出处：美国工程院报告《培养创新：影响创新活动的因素分析——基于创新者与利益相关者投入的角度》

报告时间：2015 年

案例内容摘要：伊利诺伊大学香槟分校本科生参与科研的比例非常高。只要本科生对科研感兴趣，都可以参与到实验室的科研活动中。伊利诺伊大学香槟分校的本科生科研活动以增强本科学生的兴趣为主。其基本经验是，不能让本科学生误以为科研活动有很多限制、太困难了，这样会导致本科生放弃追求科研。[③]

---

① National Research Council andNational Academy of Engineering. Emerging and Readily Available Technologies and National Security：A Framework for Addressing Ethical，Legal and Societal Issues［M］. Washington，DC：The National Academies Press，2014：21.

② National Academy of Engineering and University of Illinois at Urbana-Champaign. Educate to Innovate：Factors that Influence Innovation-Based on Input from Innovators and Stakeholders［M］. Washington：National Academies Press，2015：23.

③ National Academy of Engineering and University of Illinois at Urbana-Champaign. Educate to Innovate：Factors that Influence Innovation-Based on Input from Innovators and Stakeholders［M］. Washington：National Academies Press，2015：27.

60. 斯坦福大学工学院处处有创新的故事

案例出处：美国工程院报告《培养创新：影响创新活动的因素分析——基于创新者与利益相关者投入的角度》

报告时间：2015 年

案例内容摘要：该报告认为，要营造鼓励创新的环境。斯坦福大学的校园处处有创新者的故事。“学生进入校园的旅行是非常迷人的。来到工学院的院子里，人们会说‘这是 Jen-Hsun Huang（黄仁勋）工程大楼’，黄仁勋是 NVidia 的创始人。那是 Jerry and Akiko Yang 大楼，他是雅虎的创始人”。因此，学生漫步在校园中时，他们能看到很多改变了世界的创新者。学生们会想“我也能像他们一样去改变世界”。[①]

61. 南加州大学设计有利于交流的教室

案例出处：美国工程院报告《培养创新：影响创新活动的因素分析——基于创新者与利益相关者投入的角度》

报告时间：2015 年

案例内容摘要：该报告认为，物理空间的设计要有利于交流与合作。南加州大学的 Krisztina Holly 教授将 Stevens Center 的所有墙面都设计为可以书写的墙面。这样一来，所有来到该中心的人都可以随时随地书写，进而能够共同思考问题。[②]

62. 斯坦福大学的新建筑都有利于跨学科合作

案例出处：美国工程院报告《培养创新：影响创新活动的因素分析——基于创新者与利益相关者投入的角度》

报告时间：2015 年

案例内容摘要：斯坦福大学校长 John Hennessy 指出：“过去 10 年里斯坦福大学为自然科学和工程学科建的大楼，没有任何一座楼属于单

---

① National Academy of Engineering and University of Illinois at Urbana-Champaign. Educate to Innovate: Factors that Influence Innovation-Based on Input from Innovators and Stakeholders [M]. Washington: National Academies Press, 2015: 33.

② National Academy of Engineering and University of Illinois at Urbana-Champaign. Educate to Innovate: Factors that Influence Innovation-Based on Input from Innovators and Stakeholders [M]. Washington: National Academies Press, 2015: 25.

一的院系。这些新建的建筑物都是混合多个学科、领域和院系的。我们的大楼按照主题建设，比如环境与能源大楼、纳米系统大楼、纳米技术大楼。我们想方设法推进各种事物的融合，而物理空间很重要。我们过去的做法取得了很大的成功——我们尝试激励跨学科工作，我们建立了风险基金来推动相关的研究项目……但我认为最关键的是能够让两个或者多个院系的教师从原本互不往来变成相互合作。”[①]

63. 加州大学戴维斯分校新建两个创业教育机构

案例出处：美国工程院报告《为美国制造价值：拥抱未来的制造、技术与工作》

报告时间：2015 年

案例内容摘要：加州大学戴维斯分校建立了“工程学生创业中心”(Engineering Student Startup Center，ESSC) 和“工程制造实验室”(Engineering Fabrication Laboratory，EFL)。这两个新机构帮助学生像一个创业者一样去实践，把创业想法做成产品样品。“工程学生创业中心”和“工程制造实验室”具备金工车间和样品生产设备等，学生可以完成 3D 打印。[②]

64. 斯坦福大学建立 Biodesign 项目

案例出处：美国工程院报告《为美国制造价值：拥抱未来的制造、技术与工作》

报告时间：2015 年

案例内容摘要：斯坦福大学注重鼓励学生参加设计和积累实践经历。例如，斯坦福大学 Biodesign 项目吸引了斯坦福大学超过 40 个院系的师生参与，该项目能够提供课程、导师指导、同伴合作、职业规划等

① National Academy of Engineering and University of Illinois at Urbana-Champaign. Educate to Innovate：Factors that Influence Innovation-Based on Input from Innovators and Stakeholders [M]. Washington：National Academies Press，2015：36.

② National Academy of Engineering. Making Value for America：Embracing the Future of Manufacturing，Technology and Work [M]. Washington，DC：The National Academies Press，2015：72-73.

多种形式的教学。[①]

65. 加州大学伯克利分校等推进工程教育人群的多元化

案例出处：美国工程院报告《为美国制造价值：拥抱未来的制造、技术与工作》

报告时间：2015 年

案例内容摘要：

该报告认为，多元化的团队更有利于创新。多元化是指民族、国别、性别等多方面的多元化。加州大学伯克利分校对“计算机科学概论”课程做了重新设计，教学中增加了真实世界的问题。每堂课从一篇与技术相关的新闻报道切入，并且增加了很多团队练习项目。经过改革，选择修习“计算机科学概论”课程的学生中女生占到了近 50%。而加州大学伯克利分校和斯坦福大学计算机专业的同类课程中女生选修比例仅占 21%。类似地，密歇根大学和马里兰大学巴尔的摩分校等启动了提高女生比例的本科工程教育改革项目。这些项目能够取得成功，有八个方面的因素：学校领导的支持；明确了多元化的具体目标；教师拥有参与的热情；个性化的关注（比如对个别学生进行重点辅导）；同伴支持；丰富的课堂外研究经历；与学生下一阶段的发展相衔接，比如同产业合作；持续的评价。[②]

该报告提出，除了加州大学伯克利分校之外，卡内基梅隆大学、哈维穆德学院等也通过改革 STEM 教育提高了女性和其他少数人群的比例。这些院校的做法应向全国推广。[③]

---

① National Academy of Engineering. Making Value for America: Embracing the Future of Manufacturing, Technology and Work [M]. Washington, DC: The National Academies Press, 2015: 72-73.

② National Academy of Engineering. Making Value for America: Embracing the Future of Manufacturing, Technology and Work [M]. Washington, DC: The National Academies Press, 2015: 79-82.

③ National Academy of Engineering. Making Value for America: Embracing the Future of Manufacturing, Technology and Work [M]. Washington, DC: The National Academies Press, 2015: 107.

66. 伦斯勒综合理工学院形成创新网络

案例出处：美国工程院报告《为美国制造价值：拥抱未来的制造、技术与工作》

报告时间：2015 年

案例内容摘要：该报告认为，创新人才把思想发展为市场产品，需要一个创新网络（Innovation Networks）的支持。硅谷就是一个典型的、理想的创新网络。硅谷能够发展成为创新网络，主要有两个因素：其一是斯坦福大学及其在物理科学和工程领域的毕业生；其二是美国军方在该地区投入大量研发资金。创新网络会产生成功的复制效应——一旦这个区域的早期参与者取得了成功，就会有更多的创新者进入该网络开展创新活动，从而取得更多的成功。经验表明，创新网络的必要条件是要有一批科学与工程领域的年轻人聚集。因此，一般创新网络的形成需要一所位于顶端的研究型大学。创新网络既可以位于城市，也可以位于乡村。近年来，伦斯勒综合理工学院的学生对游戏产生了浓厚的兴趣，在孵化器的帮助下，该学院附近建立了很多游戏公司。①

67. 堪萨斯州立大学萨利纳分校授出工程学位和工程技术学位

案例出处：美国工程院报告《美国的工程技术教育》

报告时间：2016 年

案例内容摘要：该报告指出，美国需要发展工程技术教育。堪萨斯州立大学萨利纳分校同时授出 4 年制的工程学位和 4 年制的工程技术学位。社会公众对于工程技术学位的认识还不够——虽然堪萨斯州立大学萨利纳分校的很多毕业生都获得了工程技术学位，但用人单位常常误认为是工程学位。②

68. 罗切斯特理工学院等拥有最成功的工程教育合作教育项目

案例出处：美国工程院报告《美国的工程技术教育》

---

① National Academy of Engineering. Making Value for America: Embracing the Future of Manufacturing, Technology and Work [M]. Washington, DC: The National Academies Press, 2015: 82.

② National Academy of Engineering. Engineering Technology Education in the United States [M]. Washington, DC: The National Academies Press, 2016: 29.

报告时间：2016年

案例内容摘要：该报告引用《美国新闻与世界报道》的研究成果说明工程教育中合作教育的现状。《美国新闻与世界报道》访问了超过1500所院校的系主任和招生负责人，请他们就实习和合作教育项目提出成功案例。最终，罗切斯特理工学院、辛辛那提大学、普渡大学三所大学被认为是工程教育、工程技术教育领域合作教育做得最成功的三所院校。该报告统计了三所大学不同专业的合作教育时薪水平。该报告认为，时薪水平的高低反映出合作教育的水平。①

69. 德州农工大学设置工程创业教育计划（E4）

案例出处：美国工程院报告《美国的工程技术教育》

报告时间：2016年

案例内容摘要：该报告提出，很多大学对传统的实习和合作教育进行了多种形式的改进。比如，德州农工大学的电子与电信工程技术专业设置了工程创业教育计划（E4）。在E4计划中，当地企业走进教室，同学生一道把产品想法转变为样机。企业均是当地的，因此学生有充分的机会参与到后续的商业化进程中。该报告认为，相比传统的实习或者合作教育，这种模式让大学对教育过程有更多的掌控。同时，这种模式也比传统的大学课程更有利于开展工程创业教育。②

70. 蒙大拿州立大学依托校内研究中心开展工程实践

案例出处：美国工程院报告《美国的工程技术教育》

报告时间：2016年

案例内容摘要：蒙大拿州立大学是一所位于乡村的大学。因此，工程教育的实习与合作教育面临一定的困难，难以找到合适的企业参与。该校的机械工程技术项目开展合作教育主要是在校内的生物膜工程中心（Center for Biofilm Engineering）。该中心是美国自然科学基金委员会资

---

① National Academy of Engineering. Engineering Technology Education in the United States [M]. Washington, DC: The National Academies Press, 2016: 65-66.

② National Academy of Engineering. Engineering Technology Education in the United States [M]. Washington, DC: The National Academies Press, 2016: 67.

助的。蒙大拿州立大学的学生可以在该中心进行生物膜的设计、建设和测试等。①

71. 杨百翰大学开展国际化的合作教育

案例出处：美国工程院报告《美国的工程技术教育》

报告时间：2016 年

案例内容摘要：杨百翰大学制造工程技术专业的合作教育选择在柬埔寨的一家小型制造企业中进行。学校付费进行合作教育，以实习为主。美国工程院报告指出，在柬埔寨的合作教育带给学生一种全球化观点，尤其是使学生认识到发展中国家的企业如何运作。②

72. 弗吉尼亚州拥有一所独具特色的学徒学院

案例出处：美国工程院报告《美国的工程技术教育》

报告时间：2016 年

案例内容摘要：弗吉尼亚州有一所成立于 1919 年的学徒学院（Apprentice School）。这所学徒学院主要提供高水平的学徒项目，培养工程技术人才。托马斯尼尔森社区学院、潮水社区学院和欧道明大学三所大学同学徒学院有很好的合作关系。学徒学院的课程以造船等技术课程为主，教师队伍是由 70 名工匠组成的。学生同时也作为全日制工作的学徒，因此学生会获得劳动报酬。学生在学徒学院毕业以后一般获得工程技术学位。③

73. 伍斯特理工学院开设“人文工程”课程

案例出处：美国工程院报告《为工程教育植入“伦理教育”》

报告时间：2016 年

案例内容摘要：伍斯特理工学院的“人文工程的过去与现在：大一角色扮演”课程（简称“人文工程”，Humanitarian Engineering）之

① National Academy of Engineering. Engineering Technology Education in the United States [M]. Washington, DC: The National Academies Press, 2016: 67.

② National Academy of Engineering. Engineering Technology Education in the United States [M]. Washington, DC: The National Academies Press, 2016: 68.

③ National Academy of Engineering. Engineering Technology Education in the United States [M]. Washington, DC: The National Academies Press, 2016: 74-76.

所以被美国工程院作为工程伦理教学的典范，是因为该课程教学生在复杂环境中处理工程问题，把伦理问题作为工程实践的重要部分。该课程面向大一学生，每年有 30 至 60 名学生选课，学生来源以工科专业的学生为主。课程分为两个部分。第一个部分为前 7 周，由人文、社会科学和工程学科的教师联合授课，从多学科的角度分析工程活动面临的复杂问题。第二个部分是后半学期的角色扮演和项目研究。该课程模拟 19 世纪 90 年代的场景，要求学生通过角色扮演设计当时的城镇卫生工程。在此过程中，学生会发现很多工程伦理问题。例如，如果当时的法律没有环保要求，但同时工程师发现了污染问题，应该如何处理？劳工阶层在政治选举中能力较弱，但如果污水需要通过劳工阶层的居住区，应该如何处理？教学效果采用五维的李克特量表进行测量。经过测量，课程良好地符合 ABET 工程教育标准。其中，学生认为“通过课程很好地理解了工程伦理问题”的量表平均分数为 4.6 分（非常符合为 5 分）。[①]

74. 弗吉尼亚大学把工程伦理融入毕业设计

案例出处：美国工程院报告《为工程教育植入“伦理教育”》

报告时间：2016 年

案例内容摘要：弗吉尼亚大学以科学、技术与社会（Science, Technology, and Society, STS）系的师资为主要力量，将工程伦理教学贯穿到本科教学的四年，尤其是在毕业设计环节要求系统地反映学生的工程伦理能力。弗吉尼亚大学工程与应用科学学院的所有本科生（每一届数量为 650 人左右）在毕业时需要完成毕业设计（Senior Thesis）。毕业设计成果包括四部分：一是选题计划书，在 STS 教师的指导下，从 STS 的角度研究技术与工程项目的选题合理性并提交 STS 研究论文；二是技术报告，在工程教师的指导下完成工程 Capstone 的设计或独立研究，并撰写相应的技术报告；三是 STS 研究论文，在 STS 教师的指导

① National Academy of Engineering. Infusing Ethics into the Development of Engineers: Exemplary Education Activities and Programs [M]. Washington, DC: The National Academies Press, 2016: 9-10.

下，就工程或技术问题涉及的道德、社会与政策议题进行研究并撰写论文；四是社会技术综合研究，将前述三部分综合研究形成系统的观点。这四部分成果是通过四年时间的逐渐积累形成的。STS 共开设了 4 门课程，由浅到深、由一般到具体地分析工程伦理问题。4 门课程的课程论文基本对应毕业设计的 4 个部分。弗吉尼亚大学的改革，有效地发展了学生的三方面能力：道德竞争能力，口头与书面表达能力，理解科学、技术、社会与工程之间的关系能力。[①]

75. 佐治亚理工学院开展专业伦理项目教学

案例出处：美国工程院报告《为工程教育植入“伦理教育”》

报告时间：2016 年

案例内容摘要：佐治亚理工学院的工科本科生都必修“工程伦理”课程。课程为 PBL（Project-Based Learning）形式，由公共政策学院完成教学。教学的主要目标是围绕工程伦理形成以下能力：一是背景意识，即培养学生从限制条件、机会、选择、行动等方面全面理解问题的能力；二是批判思维能力，即将伦理价值与具体的工程活动相联系并选择相应的行动方案；三是理论能力，即选择合适的理论框架和基本价值框架来解决工程伦理问题。此外，教学还有围绕工程伦理的附属目标：一是提高创造力，即对特定情境下的问题形成一个清晰的伦理理解框架；二是提高交流能力，即使用清晰、精确的口头语言和书面语言进行交流；三是提高合作能力，即同他人有效开展合作。课程的教学分为三个部分，第一个部分是课堂讲授伦理学并展开讨论，第二个部分是组织团队项目教学，第三个部分是各个项目团队展示项目成果。[②]

76. 美国东北大学开展工程伦理案例教学

案例出处：美国工程院报告《为工程教育植入“伦理教育”》

① National Academy of Engineering. Infusing Ethics into the Development of Engineers: Exemplary Education Activities and Programs [M]. Washington, DC: The National Academies Press, 2016: 13-14.

② National Academy of Engineering. Infusing Ethics into the Development of Engineers: Exemplary Education Activities and Programs [M]. Washington, DC: The National Academies Press, 2016: 13-14.

报告时间：2016 年

案例内容摘要：

美国东北大学的本科生工程伦理教学在三方面具有示范性。其一是从大二到大四持续多年不断线。其二是互动性强，几乎完全由案例教学组成。其三是与工程实践相结合。美国东北大学的工程伦理教学在合作教育的基础上完成。大二学生都有了合作教育经验，因此从大二开始工程伦理教学。开设工程伦理课程的教师都具有多年的工程咨询和工程实践经验。[①]

美国东北大学总共整理形成了超过 1000 个案例。这些案例涉及四个方面：工业废物的处理和环保影响；工业产品的生产原材料的选择；涉及工业产品生命周期中的环境、能源等方面工程伦理政策的制定；工业产品的消费环节伦理问题。[②]

77. 辛辛那提大学开展软件工程伦理非课堂式教学

案例出处：美国工程院报告《为工程教育植入“伦理教育”》

报告时间：2016 年

案例内容摘要：辛辛那提大学的软件工程本科专业学制为 5 年，其中有 20 个月的时间参与合作教育。软件工程本科专业的伦理教育是非课堂式（UnLecture）的。其课程组织方式是：在合作教育完成以后，学生根据教师设计的工程伦理问题进行反思和回顾，然后进行团队研讨。工程伦理问题共包括两大部分，第一部分是工程的职业伦理，第二部分是软件工程师较多涉及的知识产权问题。[③]

---

① National Academy of Engineering. Infusing Ethics into the Development of Engineers: Exemplary Education Activities and Programs [M]. Washington, DC: The National Academies Press, 2016: 35-36.

② National Academy of Engineering. Infusing Ethics into the Development of Engineers: Exemplary Education Activities and Programs [M]. Washington, DC: The National Academies Press, 2016: 15-16.

③ National Academy of Engineering. Infusing Ethics into the Development of Engineers: Exemplary Education Activities and Programs [M]. Washington, DC: The National Academies Press, 2016: 17-18.

78. 麻省理工学院开设“伦理学与工程安全”课程

案例出处：美国工程院报告《为工程教育植入“伦理教育”》

报告时间：2016年

案例内容摘要：麻省理工学院的“伦理学与工程安全”课程着重围绕“工程安全”这一主题来研讨工程伦理问题。该课程从风险讲起，然后引导学生就工程安全的典型案例进行分析，最后学生需要运用工程技能和工程伦理知识在一个真实系统中展开工程设计。真实系统的种类包括电力系统、汽车系统、血库、空中交通系统、无人机系统、机器人系统、医学设备等。[①]

79. 加州综合理工大学开设“伦理学：工程师的哲学史”课程

案例出处：美国工程院报告《为工程教育植入“伦理教育”》

报告时间：2016年

案例内容摘要：加州综合理工大学的“伦理学：工程师的哲学史”课程主要面向航空工程系的本科生开设。该课程主要讲授与道德、数学等相关的西方哲学史，包括毕达哥拉斯学派和理性主义等十个主题。[②]

80. 拉法耶特学院开设“工程灾难”课程

案例出处：美国工程院报告《为工程教育植入“伦理教育”》

报告时间：2016年

案例内容摘要：拉法耶特学院“工程灾难”课程是一门针对大一学生的伦理学课程，50%的选课学生来自工程专业，25%的选课学生来自除工程专业以外的STEM领域，其余25%的选课学生来自非STEM领域。课程讨论自然灾害（如地震）、工程灾难（如核设施和航空事故）、工程伦理冲突（如将工程技术用于恐怖主义）等。该课程的教学目标是：讨论形成工程灾难的人文因素、经济因素、社会因素、安全因素和

---

① National Academy of Engineering. Infusing Ethics into the Development of Engineers: Exemplary Education Activities and Programs [M]. Washington, DC: The National Academies Press, 2016: 19.

② National Academy of Engineering. Infusing Ethics into the Development of Engineers: Exemplary Education Activities and Programs [M]. Washington, DC: The National Academies Press, 2016: 20-21.

环境因素等；规范工程实践活动中的伦理认识与伦理行为；讨论工程决策如何导致系统性的灾难。教学主要采用历史案例进行案例分析。①

81. 密歇根理工大学采用现象学方法开展工程伦理教学

案例出处：美国工程院报告《为工程教育植入“伦理教育”》

报告时间：2016 年

案例内容摘要：密歇根理工大学开设的工程伦理课程名称为“采用现象学方法的工程伦理教育”。该课程主要研讨 21 世纪技术引起的复杂伦理问题，引导学生思考如何做一个有道德的工程师。现象学方法是指通过经验的方法研究人文现象。根据现象学的观点，工程伦理应该通过常见的工程活动来研究。课程教学包括三个部分：一是引导学生讨论和反思自身的价值观，尤其是工程活动的职业模式和伦理理论；二是完成对工程师的面对面访谈，尤其是访谈优秀的、遵守工程伦理的工程师；三是阅读关于工程伦理的著作。②

82. 科罗拉多矿业学院开设“企业社会责任”课程

案例出处：美国工程院报告《为工程教育植入“伦理教育”》

报告时间：2016 年

案例内容摘要：矿业与能源产业面临更加复杂的社会与环境问题，甚至有人称这些问题为“魔鬼问题”。这是因为：第一，矿业与能源产业的问题很难简单地解决，尤其是难以令所有的利益相关者都满意；第二，矿业与能源的社会与环境问题往往同其他难题交织在一起；第三，矿业与能源产业的问题很重要，无法视而不见。矿业与能源领域的很多工程师都认为大学教育没有教给他们相关问题的处理经验，他们只能自己摸索着解决相关问题。“企业社会责任”课程融合社会科学研究、职

① National Academy of Engineering. Infusing Ethics into the Development of Engineers: Exemplary Education Activities and Programs [M]. Washington, DC: The National Academies Press, 2016: 22-23.

② National Academy of Engineering. Infusing Ethics into the Development of Engineers: Exemplary Education Activities and Programs [M]. Washington, DC: The National Academies Press, 2016: 24-25.

业工程师的经验和团队真实项目进行教学。[①]

83. 威斯康星大学麦迪逊分校基于合作教育开展伦理教育

案例出处：美国工程院报告《为工程教育植入“伦理教育”》

报告时间：2016 年

案例内容摘要：威斯康星大学麦迪逊分校的工程伦理教育是针对大学低年级学生的，以合作教育为基础。该课程首先让学生回忆合作教育经历中所遭遇到的最紧迫、最麻烦、最复杂的伦理困境并撰写案例。然后该课程组织学生分组讨论典型案例。讨论依据工程伦理方法和相关的工程方法，包括成本效益分析、功利主义分析、公共性分析、可逆性分析、通用性分析、权利伦理分析、道德推理分析、专业主义分析等。[②]

84. 斯坦福大学开设“全球工程师”课程

案例出处：美国工程院报告《为工程教育植入“伦理教育”》

报告时间：2016 年

案例内容摘要：斯坦福大学的“全球工程师”（Global Engineers' Education，GEE）课程主要引导学生为印度农村解决卫生保健问题。全球有 26 亿人口面临卫生设施匮乏的问题。GEE 课程着重通过建设和改造厕所来帮助印度系统地解决卫生问题。GEE 课程的教学安排主要是每周两个课时的讲授，然后每周定期同印度的合作者进行 Skype 会议和课程的组会。课程采用“关切伦理”（Care Ethics）的方法。也就是说，在 Skype 会议、文献阅读、讨论的基础上，邀请学生和印度农村社区的成员表述自己的“关切”（包括价值观、目标和期望等），然后根据这些“关切”设计问题解决方案。[③]

---

① National Academy of Engineering. Infusing Ethics into the Development of Engineers: Exemplary Education Activities and Programs [M]. Washington, DC: The National Academies Press, 2016: 26-27.

② National Academy of Engineering. Infusing Ethics into the Development of Engineers: Exemplary Education Activities and Programs [M]. Washington, DC: The National Academies Press, 2016: 28-29.

③ National Academy of Engineering. Infusing Ethics into the Development of Engineers: Exemplary Education Activities and Programs [M]. Washington, DC: The National Academies Press, 2016: 30-31.

85. 麻省理工学院建立本科新生 Terrascope 学习共同体

案例出处：美国工程院报告《为工程教育植入“伦理教育”》

报告时间：2016 年

案例内容摘要：麻省理工学院建立了新生 Terrascope 学习共同体。该共同体是由大一新生组成的，参加过共同体的高年级学生则帮助指导大一新生。该共同体帮助大一新生组成团队，参与解决复杂的、真实世界的问题。在秋季学期，该共同体的活动是“解决复杂问题”。典型的题目将涉及多个视角，问题解决方案没有正确与错误之分。例如，其中一个问题是“规划下一世纪美国西北地区的水资源”（Devise a Plan to Provide Adequate Fresh Water to Western North America for the Next Century），学生将在秋季学期完成相关的研究。第二个学期的活动是“复杂环境议题的设计”（Design for Complex Environmental Issues），学生分组完成团队动手研究和项目设计，经过一个学期以后应提交工程样品作为活动最终成果。[①]

86. 科罗拉多矿业学院开设“自然与人文”课程

案例出处：美国工程院报告《为工程教育植入“伦理教育”》

报告时间：2016 年

案例内容摘要：

科罗拉多矿业学院的工程教育强调工程问题的定义与解决（Engineering Problem Defining and Solving，EPDS）。工程伦理教育则有效地同 EPDS 相结合，强调宏观工程伦理。科罗拉多矿业学院认为，微观伦理主要是指工程活动中的个体和内部关系，宏观伦理则更多关注工程活动中的集体社会责任和与技术相联系的社会决策。宏观工程伦理的目标是通过工程教育帮助实现社会正义，从社会共同体的整体利益出发做出工

① National Academy of Engineering. Infusing Ethics into the Development of Engineers：Exemplary Education Activities and Programs [M]. Washington，DC：The National Academies Press，2016：32-33.

程决策。宏观伦理教学在7门课程中植入了相应的伦理教学模块。[①]

科罗拉多矿业学院的大一学生都必须修习“自然与人文”（Nature and Human Values，NHV）课程。该课程把个人伦理、职业伦理和环境伦理同工程、能源、信息技术等相结合。该课程由人类学、历史学、纳米技术、核科学等多学科领域的教师共同教授。该课程引导学生将工程伦理理论用于真实世界的工程项目，通过谈判与调停技能帮助利益相关方做出符合伦理要求的工程决策。NHV课程是美国自然科学基金委员会资助项目“纳米：科学、技术、伦理与政策”的一部分。[②]

87. 美国海岸警卫队军官学校土木工程系开展伦理教育活动

案例出处：美国工程院报告《为工程教育植入“伦理教育”》

报告时间：2016年

案例内容摘要：美国海岸警卫队军官学校土木工程系把领导力与伦理发展作为本科教育的两大基础。教学活动以课程为主，包括“组织行为学”“道德与伦理”“海事法”等9个学分的课程涉及伦理教育。教学方法主要采取案例法。[③]

88. 得克萨斯州立大学建立工程伦理教育区域联盟

案例出处：美国工程院报告《为工程教育植入“伦理教育”》

报告时间：2016年

案例内容摘要：得克萨斯州立大学牵头，得克萨斯大学泰勒分校和密歇根大学参与，建立了以纳米技术为核心、名为NanoTRA的工程伦理得克萨斯地区联盟。该联盟共开设2门在线的工程伦理课程，然后形成了若干个工程伦理教学模块并植入18门课程中。这18门课程既包括

---

① National Academy of Engineering. Infusing Ethics into the Development of Engineers: Exemplary Education Activities and Programs [M]. Washington, DC: The National Academies Press, 2016: 44-46.

② National Academy of Engineering. Infusing Ethics into the Development of Engineers: Exemplary Education Activities and Programs [M]. Washington, DC: The National Academies Press, 2016: 34.

③ National Academy of Engineering. Infusing Ethics into the Development of Engineers: Exemplary Education Activities and Programs [M]. Washington, DC: The National Academies Press, 2016: 35-36.

技术性课程，又包括非技术性课程。[①]

89. 宾州州立大学建立工程伦理教师教学共同体

案例出处：美国工程院报告《为工程教育植入“伦理教育”》

报告时间：2016 年

案例内容摘要：宾州州立大学针对工程伦理教学组织教师教学共同体，其主要活动形式是主题工作坊等。该共同体的活动有三个特征：一是跨学科性，即由校内哲学领域和工程领域的教师合作组成团队；二是以用户为中心，针对工程学科教师在工程伦理教学中面临的实际需求和挑战，交流工程伦理教学的技能；三是贯穿工程伦理教学的所有课程，教学共同体的活动包括大一研讨课、高年级 Capstone 设计和研究生课程等。[②]

90. 伊利诺伊大学香槟分校在本科生夏季研究项目中研究工程伦理

案例出处：美国工程院报告《为工程教育植入“伦理教育”》

报告时间：2016 年

案例内容摘要：伊利诺伊大学香槟分校建立了本科生夏季研究项目，项目持续 8 至 10 周，参与学生以工科学生为主。工程伦理教学被作为本科生夏季研究项目的一个重要模块。工程伦理模块包括 6 个互动式的案例讨论，每个案例讨论持续 1 个小时，由 3 至 5 名学生组成讨论小组展开讨论。[③]

---

① National Academy of Engineering. Infusing Ethics into the Development of Engineers: Exemplary Education Activities and Programs [M]. Washington, DC: The National Academies Press, 2016: 41-43.

② National Academy of Engineering. Infusing Ethics into the Development of Engineers: Exemplary Education Activities and Programs [M]. Washington, DC: The National Academies Press, 2016: 49-50.

③ National Academy of Engineering. Infusing Ethics into the Development of Engineers: Exemplary Education Activities and Programs [M]. Washington, DC: The National Academies Press, 2016: 51-52.

参考文献

［美］菲利普·G. 阿特巴赫著，人民教育出版社教育室译 .2001. 比较高等教育：知识、大学与发展［M］. 人民教育出版社 .

［英］诺曼·费尔克拉夫著，殷晓蓉译. 2003. 话语与社会变迁［M］. 华夏出版社.

安琦 .2004. 系统培养创新能力的教学模式［J］. 高等工程教育研究（01）.

查建中，徐文胜，顾学雍，朱晓敏，陆一平，鄂明成 .2013. 从能力大纲到集成化课程体系设计的 CDIO 模式——北京交通大学创新教育实验区系列报告之一［J］. 高等工程教育研究（02）.

常桐善 .2013. 美国院校研究的过去、现在和未来——基于高等教育发展的视角［J］. 高等工程教育研究（02）.

陈国聪，张济生 .2004. 开展工程综合实践 培养学生实践能力［J］. 高等工程教育研究（02）.

陈建国，李秀明，刘德银，曾大林 .2013. 工程管理专业核心课程教学大纲及其优化［J］. 高等工程教育研究（05）.

陈雅琴，匀秋静，皇甫丽英 .2004. 面向学生，培养创新精神和实践能力［J］. 高等工程教育研究（06）.

陈志刚，刘莉平，沈海澜 .2013. 软件工程人才“一点两翼”实践教学体系的研究［J］. 高等工程教育研究（05）.

程军，高文豪 .2017. 美国公立大学使命宣言的话语变迁——基于语料库的批判话语分析［J］. 比较教育研究（03）.

崔军，汪霞 . 2010. 培养工程领军人才：麻省理工学院的工程领导力教育［J］. 高等理科教育（06）.

但昭彬 . 2005. 话语权与教育宗旨之共变——中国近现代教育宗旨的话语分析［D］. 华中师范大学 .

邓家英 . 2015. 重庆市学前教育政策文本的话语分析［D］. 西南大学 .

丁笑炯. 2007. 探寻中国工程教育改革之路——“新形势下工程教育的改革与发展”高层论坛综述［J］. 教育发展研究（21）.

樊自田，魏华胜，陈立亮，黄乃瑜 . 2004. 建设新型课程体系 培养宽知识面人才［J］. 高等工程教育研究（01）.

方惠英，邱利民，陈炯，胡亚才，俞自涛 . 2011. 立足能源科技前沿 构建实验教学创新体系［J］. 高等工程教育研究（05）.

菲利普·G. 阿特巴赫，蒋凯 . 2002. 从比较的角度看中国高等教育的发展趋势［J］. 现代大学教育（01）.

冯露，亢一澜，王志勇，孙建，王世斌，贾启芬，沈岷 . 2013. 基于问题学习的探究式教学改革实践［J］. 高等工程教育研究（04）.

傅丰林，赵树凯 . 1999. 面向 21 世纪教育教学改革若干问题的思考［J］. 电子科技大学学报（社会科学版）（02）.

顾秉林，胡和平 . 2011. 百年清华永创一流——清华大学建设世界一流大学的认识与实践［J］. 中国高等教育（09）.

顾佩华，包能胜，康全礼，陆小华，熊光晶，林鹏，陈严 . 2012. CDIO 在中国（上）［J］. 高等工程教育研究（03）.

顾佩华，包能胜，康全礼，陆小华，熊光晶，林鹏，陈严 . 2012. CDIO 在中国（下）［J］. 高等工程教育研究（05）.

顾学雍，王德宇，周硕彦，杨富方，卢达溶 . 2013. 分布式学习工作流：融合信息技术与实体校园的操作系统［J］. 高等工程教育研究（02）.

顾学雍 . 2009. 联结理论与实践的 CDIO——清华大学创新性工程

教育的探索［J］. 高等工程教育研究（01）.

郭建生，郁崇文，王府梅，靳向煜，晏雄 . 2007. 坚持特色适应发展注重实践充实内涵——纺织工程大专业的改革与建设［J］. 纺织教育（02）.

国家中长期教育改革和发展规划纲要工作小组办公室. 2010. 国家中长期教育改革和发展规划纲要（2010-2020 年）［EB/OL］. http：//www.moe. gov. cn/srcsite/A01/s7048/201007/t20100729_171904. html.

韩响玲，刘义伦，王俊杰，欧阳辰星，黄和平 . 2010. 创新型高级工程人才培养与管理模式探索——基于中南大学创新型高级工程人才试验班实践的思考［J］. 高等工程教育研究（05）.

郝智秀，季林红，冯涓 . 2009. 基于 CDIO 的低年级学生工程能力培养探索——机械基础实践教学案例［J］. 高等工程教育研究（05）.

胡岳华，宋晓岚，邱冠周，姜涛，刘新星，伍喜庆 . 2011. 建设国际一流学科，培养复合拔尖人才——多学科交叉矿物加工人才培养模式创新与实践［J］. 高等工程教育研究（02）.

胡志刚，江林，任胜兵. 2010a. 基于 CMM 的教师 CDIO 能力评估与提升［J］. 高等工程教育研究（03）.

胡志刚，任胜兵，陈志刚，费洪晓. 2010b. 工程型本科人才培养方案及其优化——基于 CDIO-CMM 的理念［J］. 高等工程教育研究（06）.

华中科技大学高等工程教育研究中心课题组，李瑾，陈敏，林林 . 2010. 项目学习的评价——光电工程创新创业人才培养的工程训练体系探索［J］. 高等工程教育研究（06）.

黄国文，徐珺 . 2006. 语篇分析与话语分析［J］. 外语与外语教学（10）.

黄倩，刘应征，奚立峰 . 2014. 机械工程教育国际合作模式的探索和实践［J］. 高等工程教育研究（05）.

江林，胡志刚，杨柳 . 2012. 面向卓越工程人才培养的教学团队能力评估与持续改进方法 [J]. 高等工程教育研究 (06).

江泽民. 1998. 在庆祝北京大学建校一百周年大会上的讲话 [J]. 中国高教研究 (03).

教育部主页. 2016. 中共教育部党组关于巡视整改情况的通报 [EB/OL]. http://www.moe.gov.cn/jyb_xwfb/gzdt_gzdt/s5987/201604/t20160427_241140.html.

金一平, 吴婧姗, 陈劲. 2012. 复合型人才培养模式创新的探索和成功实践——以浙江大学竺可桢学院强化班为例 [J]. 高等工程教育研究 (03).

康重庆, 董嘉佳, 董鸿, 孙劲松. 2010. 电气工程学科本科拔尖创新人才培养的探索 [J]. 高等工程教育研究 (05).

柯俊, 朱荣华, 郭景文, 张文江, 龚育良. 1999. 北京科技大学材料类试点班新型课程体系设计 [J]. 高等工程教育研究 (S1).

柯佑祥, 唐静, 谢冬平, 张新亮, 刘继文, 聂明局. 2017. 从"精英"到"群英": 一流本科教学的困局与超越——华中科技大学光电信息国家试点学院教学改革的探索与实践 [J]. 高等工程教育研究 (02).

李伯耿, 陈丰秋, 陈纪忠, 吴嘉. 2011. 以创新创业型人才培养为核心打造专业新特色 [J]. 高等工程教育研究 (03).

李红梅, 卢苇, 陈旭东, 邢薇薇. 2012. 毕业实习与设计过程管理质量保证体系的研究与实践 [J]. 高等工程教育研究 (06).

李红梅, 张红延, 卢苇. 2009. 面向能力培养的软件工程实践教学体系 [J]. 高等工程教育研究 (02).

李红梅, 张红延. 2010. 面向课程的教学质量保证体系 [J]. 高等工程教育研究 (02).

李良军, 易树平, 严兴春, 罗虹, 鞠萍华. 2013. 研究型大学本科的卓越计划培养方案——以重庆大学机械工程及自动化专业本科为例 [J]. 高等工程教育研究 (03).

李曼丽. 2006. 变革中的实践教育理念——清华大学工业工程系案

例分析［J］. 高等工程教育研究（02）.

李曼丽 . 2010. 工程师与工程教育新论［M］. 商务印书馆 .

李萍，钟圣怡，李军艳，欧亚飞 . 2015. 借鉴法国模式，开拓工科基础课教学新思路［J］. 高等工程教育研究（02）.

李雨潜 . 2016. 地方师范大学章程的师范性话语分析——基于对 21 所地方师范大学章程的文本分析［J］. 教育发展研究（11）.

林健 . 2013. 高校“卓越工程师教育培养计划”实施进展评析（2010~2012）（上）［J］. 高等工程教育研究（04）.

林健 . 2017. 新工科建设：强势打造“卓越计划”升级版［J］. 高等工程教育研究（03）.

林巧婷 . 2015. 李克强向第二届“全球重大挑战论坛”致贺信［EB/OL］. http：//www. gov. cn/guowuyuan/2015 - 09/15/content _ 2932007. htm？ gs_ ws = tsina_ 635779366556720733.

刘宝，任涛，李贞刚 . 2016. 面向工程教育专业认证的自动化国家特色专业改革与建设［J］. 高等工程教育研究（06）.

刘勃，刘玉，钟国辉，张建林 . 2012. 基于真实项目的实践教学体系探索［J］. 高等工程教育研究（01）.

刘海峰，史静寰主编 . 2010. 高等教育史［M］. 高等教育出版社 .

刘茂军，孟凡杰 . 2013. 教育话语分析：教育研究的新范式［J］. 教育学报（05）.

刘韬 . 2015. 中国学校体育百年话语分析［D］. 湖南师范大学 .

刘伟，蔡兆麟，黄树红，舒水明，黄俭明 . 2005. 构建热能与动力工程专业创新教学体系［J］. 高等工程教育研究（01）.

刘艳芳，焦利民，刘耀林 . 2004. 依托三峡基地，构建多学科实践教学平台［J］. 高等工程教育研究（05）.

刘燕楠 . 2015. 话语分析的逻辑：谬误与澄清——当前教育研究中话语分析的教育学审视［J］. 华东师范大学学报（教育科学版）（01）.

刘扬，赵婷婷 . 2011. 研究型大学国际化案例研究：北航中法工程

师学院 [J]. 高等工程教育研究 (01).

卢苇，胡海青. 2011. 战略性选择超常规发展——中国示范性软件学院十年巡礼之一 [J]. 高等工程教育研究 (04).

陆枫，金海. 2014. 计算机本科专业教学改革趋势及其启示——兼谈华中科技大学计算机科学与技术学院的教改经验 [J]. 高等工程教育研究 (05).

陆枫，金海. 2016. 将并行计算纳入本科教育 深化计算机学科创新人才培养 [J]. 高等工程教育研究 (06).

吕源，彭长桂. 2012. 话语分析：开拓管理研究新视野 [J]. 管理世界 (10).

罗福午，于吉太. 2004. 以现代工程为背景，进行生动有效的工程教育 [J]. 高等工程教育研究 (02).

骆清铭，朱丹，曾绍群，龚辉，李鹏程，刘谦，赵元弟. 2008. 生物医学光子学特色方向本科教学体系建设初探——以华中科技大学为个案 [J]. 高等工程教育研究 (04).

骆文杰. 2016. 让工程教育成为强大的创新引擎——访联合国教科文组织国际工程教育中心秘书长王孙禺 [EB/OL]. https://www.tsinghua.edu.cn/info/1179/17217.htm.

牛津高阶英汉双解词典（第六版）[M]. 2004. 商务印书馆、牛津大学出版社.

彭静雯，刘玉. 2013. 如何对大学生进行创业精神培养——“基于项目的信息大类专业教育试点班”案例 [J]. 高等工程教育研究 (06).

钱毓芳，黄晓琴，李茂. 2015. 新浪微博中的“中国梦”话语分析及启示 [J]. 对外传播 (01).

钱毓芳，田海龙. 2011. 话语与中国社会变迁：以政府工作报告为例 [J]. 外语与外语教学 (03).

钱毓芳. 2010. 语料库与批判话语分析 [J]. 外语教学与研究 (03).

秦磊华，石柯，甘早斌.2013. 基于CDIO的物联网工程专业实践教学体系［J］. 高等工程教育研究（05）.

秦仙蓉，张氢，管彤贤，归正，陈卫明，孙远韬.2014. 面向“卓越工程师”培育的“现代机械工程师基础”课程建设［J］. 高等工程教育研究（03）.

清华大学. 2017. 校长致辞［EB/OL］. http：//www. tsinghua. edu. cn/publish/newthu/newthu_cnt/about/about-1. html.

清华大学工业工程系. 2015. 国际化复合型工业工程人才培养的十年探索［EB/OL］. https：//www. tsinghua. edu. cn/info/2116/81055. htm.

邱冠周，黄圣生，胡岳华，刘新星，王海东.2002. 矿物加工工程学科创新人才培养体系的探索与实践［J］. 高等工程教育研究（05）.

邱勇. 清华大学106周年校庆致辞［EB/OL］. https：//www. tsinghua. edu. cn/info/1366/81505. htm

任宏，晏永刚.2009. 工程管理专业平台课程集成模式与教学体系创新［J］. 高等工程教育研究（02）.

任卫群，饶芳.2005. 工科专业类课程双语教学的体系化［J］. 高等工程教育研究（03）.

萨日娜，王梅，崔敏，林立婷，张晓雯，于黎明.2014. 工程师法语教学在中国的探索与实践——以北航中法工程师学院为例［J］. 高等工程教育研究（03）.

邵华，吴静怡，奚立峰.2014. 基于课程项目的工程思维能力培养与工程经验知识获取［J］. 高等工程教育研究（03）.

施太和，杜志敏，刘蜀知，陈平，肖国民.2002. 石油工程专业的改革与建设［J］. 高等工程教育研究（04）.

史光云，李旭.1981. 八十年代及以后的科学和工程技术教育［J］. 教育研究通讯（03）.

史静寰.2014. 现代大学制度建设需要“根”“魂”及“骨架”［J］. 中国高教研究（04）.

宋爱国，况迎辉.2005. 测控技术与仪器本科专业人才培养体系探索 [J]. 高等工程教育研究 (01).

孙亚，窦卫霖.2013. OECD 教育公平政策的话语分析 [J]. 全球教育展望 (04).

唐丽萍.2011. 语料库语言学在批评话语分析中的作为空间 [J]. 外国语 (上海外国语大学学报) (04).

唐旭，刘耀林，刘艳芳，胡石元.2009. 面向行业发展的“土地信息系统”课程拓展教学研究 [J]. 高等工程教育研究 (06).

唐一科，刘昌明.2004. 机械学科本科人才的社会需求与培养实践 [J]. 高等工程教育研究 (02).

万柏坤，李清，杨春梅，丁北生.2004. Team Work：培养创新能力和团队精神的好形式 [J]. 高等工程教育研究 (02).

王东旭，马修真，李玩幽.2011. 舰船动力“卓越计划”培养模式探索 [J]. 高等工程教育研究 (04).

王光妍.2016. 阿特巴赫高等教育思想研究 [D]. 西南大学.

王静康.2015. 构建国际实质等效的化工专业认证体系提升化工高等教育国际竞争力 [J]. 中国大学教学 (01).

王孙禺，曾开富，陈丽萍，王秀平.2013. 20 世纪上半叶 MIT 校长们的教育与人才培养观念 [J]. 高等工程教育研究 (04).

王孙禺，曾开富. 2011. 针对理工教育模式的一场改革——美国欧林工学院的建立背景及理论基础 [J]. 高等工程教育研究 (04).

王孙禺，赵自强，雷环.2014. 中国工程教育认证制度的构建与完善——国际实质等效的认证制度建设十年回望 [J]. 高等工程教育研究 (05).

王兄，方燕萍.2011. 课堂话语分析技术：以新加坡数学研究课为例 [J]. 教育学报 (04).

王迎军，项聪，余其俊，曾幸荣，刘粤惠.2012. 材料科学与工程专业学生实践创新能力的培养 [J]. 高等工程教育研究 (05).

文俊浩，徐玲，熊庆宇，陈蜀宇，柳玲.2014. 渐进性阶梯式工程实践教学体系的构造［J］. 高等工程教育研究（01）.

肖静，范小春.2017. 夯实培养环节全面提升学生工程素质——以土木工程专业为例［J］. 高等工程教育研究（04）.

肖来元，邱德红，吴涛.2013. 以需求为导向的软件专业工程教育改革研究与创新实践［J］. 高等工程教育研究（06）.

谢志江，孙红岩，蒋和生，张济生.2003. 案例教学法在工科教学中的应用［J］. 高等工程教育研究（05）.

辛忠，郭旭虹，司忠业，赫崇衡.2016. ABET认证与中国化工高等工程教育未来发展［J］. 高等工程教育研究（03）.

熊璋，于黎明，徐平.2012. 法国工程师学历教育认证解读与实例分析——兼谈北航中法工程师学院的实践［J］. 高等工程教育研究（05）.

徐飞.2016. 办一流工程教育　育卓越工科人才［J］. 高等工程教育研究（06）.

徐骏，王自强，施毅.2017. 引领未来产业变革的新兴工科建设和人才培养——微电子人才培养的探索与实践［J］. 高等工程教育研究（02）.

徐向民，韦岗，李正，殷瑞祥.2009. 研究型大学精英人才培养模式探索——华南理工大学电子信息类专业教育改革的实践［J］. 高等工程教育研究（02）.

杨华保，王和平.2007. “飞行器总体设计”精品课程教学改革探索［J］. 高等工程教育研究（01）.

杨叔子，张福润.2000. 面向21世纪改革机械工程教学［J］. 高等教育研究（04）.

杨叔子，周济，吴昌林，张福润，戴同.2002. 面向21世纪机械工程教学改革［J］. 高等工程教育研究（01）.

于靖军，郭卫东，陈殿生.2017. 面向工程教育的STEP教学模式

[J]. 高等工程教育研究 (04).

于娟. 2017. 工程类基础课程多元化教学模式及评价——以工程热力学教学实践为例 [J]. 高等工程教育研究 (04).

于歆杰, 陆文娟, 王树民. 2006. 专业基础课中的研究型教学——清华大学电路原理课案例研究 [J]. 高等工程教育研究 (01).

余国琮, 李士雨, 张凤宝, 徐佩若, 张泽廷, 匡国柱, 黄少烈, 姚善泾, 梁斌, 赵洪, 余宝乐, 王保国, 乐清华, 陈砺, 陈纪忠. 2006. 化工类专业创新型人才的培养——"化工类专业创新人才培养模式、教学内容、教学方法和教学技术改革的研究与实施"项目成果简介 [J]. 化工高等教育 (01).

袁竞峰, 李启明, 杜静. 2014. 高校工程管理"一体两翼"专业核心能力结构探析 [J]. 高等工程教育研究 (04).

曾广杰, 郗蕴超, 徐国斌, 刘向东. 2003. 传统专业改造的探索与实践 [J]. 高等工程教育研究 (03).

曾开富, 陈丽萍, 王孙禺. 2016. 美国工学院办学定位的话语分析 [J]. 高等工程教育研究 (01).

曾开富, 王孙禺. 2011. "工程创新人才"培养模式的大胆探索——美国欧林工学院的广义工程教育 [J]. 高等工程教育研究 (05).

曾开富, 王孙禺. 2015. 战略性研究型大学的崛起: 1917—1980 年的麻省理工学院 [M]. 科学技术文献出版社.

曾勇, 隋旺华, 刘焕杰, 董守华, 韩宝平. 2001. 面向 21 世纪的地质资源与地质工程类专业教学体系改革与实践 [J]. 中国地质教育 (04).

张长清, 金康宁. 2004. "土木工程材料"创新实验探索 [J]. 高等工程教育研究 (01).

张光斗. 1995. 高等工程教育必须改革——向高教界的同志们推荐两篇文章 [J]. 中国高等教育 (04).

张奂奂, 高益民. 2015. 批判话语分析在大学章程文本中的应用研究——以新加坡国立大学章程为例［J］. 中国高教研究（11）.

张慧，钟蓉戎，陈劲．2011. 荣誉学院学习优秀生非智力因素特征分析——以浙江大学竺可桢学院为例［J］. 高等工程教育研究（05）.

张济生．2001. 对培养大学生实践能力的认识［J］. 高等工程教育研究（02）.

张申生．2011. 引进创新走向一流——上海交大密西根学院的工程教育改革探索［J］. 高等工程教育研究（02）.

张文，赵婀娜，葛亮亮．关注：高校真的重科研轻教学吗［N］. 2015-04-22（12）.

张燕，毛根海，陈少庆．2002. 工程流体力学电子辞典的设计与编制［J］. 高等工程教育研究（02）.

张有光．2013. "电子信息商业案例分析"课程的思考与实践［J］. 高等工程教育研究（03）.

章献民，杨冬晓，杨建义．2017. 电子信息类专业课程体系的改革实践［J］. 高等工程教育研究（04）.

中国工程院教育委员会．2007. 探寻中国工程教育改革之路——"新形势下工程教育的改革与发展"高层论坛纪要［J］. 高等工程教育研究（06）.

钟国辉，刘玉．2007. 创新人才培养与 Dian 团队模式［J］. 高等工程教育研究（06）.

钟国辉．2013. 以设计性实验为牵引的微机原理课程教学［J］. 高等工程教育研究（03）.

周慧颖，郄海霞．2014. 世界一流大学工程教育跨学科课程建设的经验与启示——以麻省理工学院为例［J］. 黑龙江高教研究（02）.

邹晓东，李铭霞，陆国栋，刘继荣．2010. 从混合班到竺可桢学院——浙江大学培养拔尖创新人才的探索之路［J］. 高等工程教育研究（01）.

邹晓东，陆国栋，邱利民．2014. 工程教育改革实践探索——浙江大学工高班改革路径分析 [J]. 高等工程教育研究 (05).

A. S. Hornby, edited by Sally Wehmeier et al.. 2004. Oxford Advanced Learner's Dictionary of Current English [M]. The Commercial Press.

Bruce E. Seely. 2005. "Patterns in the History of Engineering Education Reform: A Brief Essay" . in book: National Academy of Engineering, Engineer of 2020: National Education Summit [M]. Washington: National Academies Press.

Deliotte, Council on Competitiveness. 2016. Global Manufacturing Competitiveness Index [EB/OL] . https://competepast. org/storage/2016_ GMCI_ Study_ Deloitte_ and_ Council_ on_ Competitiveness. pdf.

Eesley C. E. , Miller W. F. . 2018. Impact: Stanford University's Economic Impact via Innovation and Entrepreneurship [J]. Social Science Electronic Publishing.

Gardner D. P.. 1983. A Nation At Risk: The Imperative For Educational Reform. An Open Letter to the American People. A Report to the Nation and the Secretary of Education [M]. Academic Achievement.

Gereffi G., Wadhwa V., Rissing B., et al. 2009. 美、中、印工程教育质量与数量的实证分析 [J]. 高等工程教育研究 (04).

G. Hardt Mautner. 1995. "Only Connect": Critical Discourse Analysis and Corpus Linguistics (UCREL Technical Paper 6) [Z]. Lancaster: University of Lancaster.

H. G. Widdowson. 1995. Discourse Analysis: A Critical View [J]. Language and Literature (3).

I. Parker. 1992. Discourse Dynamics: Critical Analysis for Social and Individual Psychology [M]. London: Routledge.

John Schwartz. 2007. Re-engineering Engineering [EB/OL] . http://www. nytimes. com/2007/09/30/magazine/30OLIN-t. html.

John Scott. 2006. Documentary Research [M]. London: SAGE.

K. T. Compton. 1937. Engineering in an American Program for Social Progress [J]. Scientific Monthly (1).

Karl T. Compton. 1927. Specialization and Cooperation in Scientific Research. Science [J].

Massachusetts Institute of Technology. 1935. President's Report Issue 1934-1935 [M]. The Technology Press, Cambridge, Massachusetts.

Massachusetts Institute of Technology. 1961. President's Report Issue 1960-1961 [M]. The Technology Press, Cambridge, Massachusetts.

Massachusetts Institute of Technology. 1977. President's Report Issue 1976-1977 [M]. The Technology Press, Cambridge, Massachusetts.

Michael Prince Richard Felder. 2006. Inductive Teaching and Learning Methods: Definitions, Comparisons, and Research Bases [J]. Journal of Engineering Education (2).

M. Stubbs. 1996. Text and Corpus Analysis: Computer-assisted Studies of Language and Culture [M]. Oxford: Blackwell.

M. Toolan. 1997. What is Critical Discourse Analysis and Why are People Saying such Terrible Things about it? [J]. Language and Literature (2).

M. Weber. 1978. Economy and Society [M]. Berkeley: University of California Press.

National Academy of Engineering and University of Illinois at Urbana-Champaign. 2015. Educate to Innovate: Factors that Influence Innovation-Based on Input from Innovators and Stakeholders [M]. Washington: National Academies Press.

National Academy of Engineering of the National Academies. 2013. Educating Engineers: Preparing 21st Century Leaders in the Context of New Modes of Learning: Summary of a Forum [M]. Washington: National Academies Press.

National Academy of Engineering of the National Academies. 2014.

Surmounting the Barriers: Ethnic Diversity in Engineering Education [M]. Washington: National Academies Press.

National Academy of Engineering. 2003. Emerging Technologies and Ethical Issues in Engineering [M]. Washington: National Academies Press.

National Academy of Engineering. 2005. Educating the Engineer of 2020: Adapting Engineering Education to the New Century [M]. Washington: National Academies Press.

National Academy of Engineering. 2012a. Infusing Real World Experiences into Engineering Education [M]. Washington: National Academies Press.

National Academy of Engineering. 2012b. Practical Guidance on Science and Engineering Ethics Education for Instructors and Administrators [M]. Washington: National Academies Press.

National Academy of Engineering. 2015. Making Value for America: Embracing the Future of Manufacturing, Technology and Work [M]. Washington: National Academies Press.

National Academy of Engineering. 2016. Infusing Ethics into the Development of Engineers: Exemplary Education Activities and Programs [M]. Washington: National Academies Press.

National Academy of Engineering. 2009a. Develop Metrics for Assessing Engineering Instruction: What Gets Measured is what Gets Improved [M]. Washington: National Academies Press.

National Academy of Engineering. 2009b. Engineering Education and Scientific and Engineering Research: What's been Learned? What should be Done? Summary of a Workshop [M]. Washington: National Academies Press.

National Academy of Engineering. 2010a. Engineering Curricula: Understanding the Design Space and Exploiting the Opportunities: Summary of a Workshop [M]. Washington: National Academies Press.

National Academy of Engineering. 2010b. Engineering, Social Justice, and Sustainable Community Development: Summary of a Workshop [M]. Washington: National Academies Press.

National Academy of Engineering. 2013. Messaging for Engineering: From Research to Action [M]. Washington: National Academies Press.

National Research Council and National Academy of Engineering. 2014. Emerging and Readily Available Technologies and National Security: A Framework for Addressing Ethical, Legal and Societal Issues [M]. Washington: National Academies Press.

National Research Council. 1985. Engineering Education and Practice in the United States: Engineering in Society [M]. The National Academies Press.

National Research Council. 1990. Fostering Flexibility in Engineering Workforce [M]. The National Academics Press.

National Research Council. 1995. Engineering Education: Designing an Adaptive System [M]. Washington: National Academies Press.

National Research Council. 1996. From Analysis to Action: Undergraduate Education in Science, Mathematics, Engineering, and Technology [M]. National Academies Press.

National Research Council. 1986. Engineering Undergraduate Education [M]. The National Academics Press.

National Society of Professional Enigneers. 2007. Code of Ethics for Engineers [EB/OL]. https://www.nspe.org/resources/ethics/code-ethics.

Nodia Nicole Kellam. 2006. Embracing Complexity in Engineering Education [D]. Submitted in Partial Fulfillment of the Requirements for the Degree of Doctor of Philosophy in the Department of Mechanical Engineering

College of Engineering and Information Technology, University of South Carolina.

P. Baker, C. Gabrielatos, M. Khosravinik, A. McEnery, R. Wodak. 2008. A Useful Methodological Synergy? Combining Critical Discourse Analysis and Corpus Linguistics to Examine Discourses of Refugees and Asylum Seekers in the UK Press [J]. Discourse & Society.

S. Hunston. 2002. Corpora in Applied Linguistics [M]. Cambridge: CUP.

Xiao Feng Tang. 2014. Engineering Knowledge and Students' Development: An Institutional and Pedagogical Critique of Engineering Education [D]. Diss. Rensselaer Polytechnic Institute.

后　　记

从历史经验来看，工业革命是某一经济体内或者经济体之间系统革命的一部分，需要完成很多支持性要素的配置。毫无疑问，工业革命需要一大批工程人才和一系列工程创新，因此工程教育对于各国的工业化、再工业化和第四次工业革命具有重要的意义。

第四次工业革命需要与其相匹配的工程教育，这是各国进行工程教育发展与改革的主要原因。本书重点探讨了中美在迎接第四次工业革命的背景下如何改革其本科工程教育。本书研究的时段主要限定在21世纪的前20年尤其是前15年，其中对文献的梳理向前延伸到20世纪80年代，对改革行动的研究则主要以中美两国发起“面向21世纪”的改革为时间起点。中国在建设世界一流大学、一流学科和高水平大学的过程中，在一定程度上学习并借鉴了美国工学院改革的经验。因此，本书选择中国和美国的本科工程教育改革行动进行比较研究。

清华大学教育研究院为本研究提供了大力支持，特别是谢维和、史静寰、李越、李曼丽、袁本涛、林健、王战军、王晓阳、叶赋桂、罗燕、李锋亮、阎琨、钟周、乔伟峰、徐立辉、张满、王娟娟、朱盼等老师为本研究提供了无私帮助。清华大学雷环老师为本书的出版做了很多工作。

北京化工大学冯婕、李文中、汪中明、聂俊、张卫东、张亮、张冰、周艳玲、王秀平、朱晓群等多位老师给予了特别关注和大力支持。

马陆亭、马永红、周光礼等多位专家为本书提供了宝贵的意见和建议。

中国工程院长期支持清华大学的工程教育研究。除中国工程院之外，本书的出版受到教育部人文社会科学研究项目（项目批准号21YJC880004）的资助。

在此，对所有关心和支持我们开展工程教育研究的专业机构、专家学者、老师同学，一并表示感谢！

曾开富　王孙禺

2018 年 7 月初稿

2022 年 11 月重排

图书在版编目(CIP)数据

中美本科工程教育改革研究 / 曾开富，王孙禺著
. --北京：社会科学文献出版社，2024.3
（清华工程教育）
ISBN 978-7-5228-3039-1

Ⅰ.①中… Ⅱ.①曾… ②王… Ⅲ.①高等学校-工程技术-教育改革-对比研究-中国、美国 Ⅳ.①TB-4

中国国家版本馆 CIP 数据核字(2024)第 019218 号

·清华工程教育·
中美本科工程教育改革研究

著　　者 / 曾开富　王孙禺

出 版 人 / 冀祥德
组稿编辑 / 宋月华
责任编辑 / 吴　超
文稿编辑 / 胡金鑫
责任印制 / 王京美

出　　版 / 社会科学文献出版社 · 人文分社（010）59367215
地址：北京市北三环中路甲 29 号院华龙大厦　邮编：100029
网址：www.ssap.com.cn
发　　行 / 社会科学文献出版社（010）59367028
印　　装 / 三河市尚艺印装有限公司

规　　格 / 开　本：787mm × 1092mm　1/16
印　张：18.5　字　数：224 千字
版　　次 / 2024 年 3 月第 1 版　2024 年 3 月第 1 次印刷
书　　号 / ISBN 978-7-5228-3039-1
定　　价 / 128.00 元

读者服务电话：4008918866